非标准的建筑拆解书

思维转换篇

广西师范大学出版社

·桂林·

赵劲松　林雅楠　著

图书在版编目（CIP）数据

非标准的建筑拆解书. 思维转换篇 / 赵劲松，林雅楠著. — 桂林：
广西师范大学出版社，2020.8（2021.3 重印）
ISBN 978-7-5598-2100-3

Ⅰ. ①非… Ⅱ. ①赵… ②林… Ⅲ. ①建筑设计 Ⅳ. ① TU2

中国版本图书馆 CIP 数据核字 (2019) 第 174510 号

策划编辑：高　巍
责任编辑：季　慧
助理编辑：马竹音
装帧设计：六　元

广西师范大学出版社出版发行

（广西桂林市五里店路 9 号　　邮政编码：541004）
（网址：http://www.bbtpress.com）

出版人：黄轩庄

全国新华书店经销

销售热线：021-65200318　021-31260822-898

上海利丰雅高印刷有限公司印刷

（上海庆达路 106 号　　邮政编码：201200）

开本：889mm×1 194mm　　1/16
印张：24.25　　　　　　字数：358 千字
2020 年 8 月第 1 版　　2021 年 3 月第 3 次印刷
定价：188.00 元

序

用简单的方法学习建筑

本书是将我们的微信公众号"非标准建筑工作室"中《拆房部队》栏目的部分内容重新编辑、整理的成果。我们在创办《拆房部队》栏目的时候就有一个愿望，希望能让学习建筑设计变得更简单。为什么会有这个想法呢？因为我自认为建筑学本不是一门深奥的学问，然而又亲眼见到许多人学习建筑设计多年却不得其门而入。究其原因，很重要的一条是他们将建筑学想得过于复杂，感觉建筑学包罗万象，既有错综复杂的理论，又有神秘莫测的手法，在学习时不知该从何入手。

要解决这个问题，首先要将这件看似复杂的事情简单化。这个简单化的方法可以归纳为学习建筑的四项基本原则：信简单理论，持简单原则，用简单方法，简单的事用心做。

一、信简单理论

学习建筑不必过分在意复杂的理论，只需要懂一些显而易见的常理。其实，有关建筑设计的学习方法在小学课本里就可以找到：一篇是《纪昌学射》，文章讲了如何提高眼力，这在建筑学习中就是提高审美能力和辨析能力。古语有云："观千剑而后识器。"要提高这两种能力只有多看、多练一条路。另一篇是《鲁班学艺》，告诉我们如何提高手上的功夫，并详细讲解了学建筑最有效的训练方法，就是将房子的模型拆三遍，再装三遍，然后把模型烧掉再造一遍。这两篇文章完全可以当作学习建筑设计的方法论。读懂了这两篇文章，并真的照着做了，建筑学入门一定没有问题。

建筑设计是一门功夫型学科，学习建筑与学习烹饪、木工、武功、语言类似，功夫型学科的共同特点就是要用不同的方式去做同一件事，通过不断重复练习来增强功力、提高境界。想练出好功夫其实很简单，关键是练，而不是想。

二、持简单原则

通俗地讲，持简单原则就是学建筑要多"背单词"，少"学语法"。学不会建筑设计与学不会英语的原因有相似之处，许多人学习英语花费了十几二十年的时间，结果还是既不能说，也不能写，原因之一就是他们从学习英语的第一天起就被灌输了语法思维。

从语法思维开始学习语言至少有两个害处：一是重法不重练，以为掌握了方法就可以事半功倍，以一当十；二是从一开始就养成害怕犯错的习惯，因为从一入手就已经被灌输了所谓"正确"的观念，从此便失去了试错的勇气，所以在做到语法正确之前是不敢开口的。

学习建筑设计的学生也存在着类似的问题：一是学生总想听老师讲设计方法，而不愿意花时间反复地进行大量的高强度训练，以为熟读了建筑设计原理自然就能推导出优秀的方案。他们宁可花费大量时间去纠结"语法"，也不愿意花笨功夫去积累"单词"。二是不敢决断，无论是构思还是形式，学生永远都在期待老师的认可，而不敢相信自己的判断。因为在他们心里总是相信有一个正确的答案存在，所以在没有被认定正确之前是万万不敢轻举妄动的。

"从语法入手"和"从单词入手"是两种完全不同的学习心态。从"语法"入手的总体心态是"膜拜"，在仰望中战战兢兢地去靠近所谓的"正确"。而从"单词"入手则是"探索"，在不断试错中总结经验、摸索前行。对于学习语言和设计类学科而言，多背单词远比精通语法更重要，语法只有在单词量足够的前提下才能更好地发挥矫正错误的作用。

三、用简单方法

学习设计最简单的方法就是多做设计。怎样才能做更多的设计，做更好的设计呢？最简单的方法就是把分析案例变成做设计本身，就是要用设计思维而不是赏析思维看案例。

什么是设计思维？设计思维就是在看案例的时候把自己想象成设计者，而不是欣赏者或评论者。两者有什么区别？设计思维是从无到有的思维，如同演员一秒入戏，回到起点，身临其境地体会设计师当时面对的困境和采取的创造性措施。只有针对真实问题的答案才有意义。而赏析思维则是对已经形成的结果进行评判，常常是把设计结果当作建筑师天才的创作。脱离了问题去看答案，就失去了对应用条件的理解，也就失去了自己灵活运用的可能。

在分析案例的学习中，扮演大师重做，这是进阶的法门，因为在实际工程项目中，你没有机会担当如此角色，遇到如此要求。

四、简单的事用心做

功夫型学科有一个共同特点，就是想要修行很简单，修成正果却很难。为什么呢？因为许多人在简单的训练中缺失了"用心"二字。

什么是用心？以劈柴为例，王维说："劈柴担水，无非妙道，行住坐卧，皆在道场。"就是说，人可以在日常生活中悟得佛道，没有必要非去寺院里体验青灯黄卷、暮鼓晨钟。劈劈柴就可以悟道，这看起来好像给想要参禅悟道的人找到了一条容易的途径，再也不必苦行苦修，但其实这个"容易"是个假象。如果不加"用心"二字，每天只是用力气重复地去劈，无论劈多少柴也是悟不了道的，只能成为一个熟练的樵夫。但如果加一个心法，比如，要求自己在劈柴时做到想劈哪条木纹就劈哪条木纹，想劈掉几毫米就劈掉几毫米，那么，结果可能就会有所不同。这时，劈柴的重点已经不是劈柴本身了，而是通过劈柴去体会获得精准掌控力的方法。通过大量这样的练习，你即使不能得道，也会成为绝顶高手。这就是有心与无心的差别。可见，悟道和劈柴并没有直接关系，只有用心劈柴，才可能悟道。劈柴是假，修心是真。一切方法不过都是"借假修真"。

学建筑很简单，真正学会却很难。不是难在方法，而是难在坚持和练习。所以，学习建筑想要真正见效，需要持之以恒地认真听、认真看、认真练。认真听，就是要相信简单的道理，并真切地体会；认真看，就是不轻易放过，看过的案例就要真看懂，看不懂就拆开看；认真练，就是懂了的道理就要用，并在反馈中不断修正。

2017 年，我们创办了《拆房部队》栏目，用以实践我设想的这套简化的建筑设计学习方法。经过两年多的努力，我们已经拆解、推演了一百多个具有鲜明设计创新点的建筑作品，参与案例拆解的同学，无论是对建筑的认知能力还是设计能力都得到了很大提高。这些拆解的案例在公众号推出后得到了大家广泛的关注，许多人留言希望我们能将这些内容集结成书。经过半年多的准备工作，重新编辑整理出来的内容终于要和大家见面了！

在新书即将出版之际，感谢天津大学建筑学院的历届领导和各位老师多年来对我们工作室的大力支持，感谢工作室小伙伴们的积极参与和持久投入，感谢广西师范大学出版社马竹音女士及其同人对此书的编辑，感谢关注"非标准建筑工作室"公众号的广大粉丝长久以来的陪伴和支持，感谢所有鼓励和帮助过我们的朋友！

天津大学建筑学院非标准建筑工作室　赵劲松

目　录

让 学 建 筑 更 简 单

怎样在 100 m² 的建筑里做出 100 个房间

牙科诊所——SANAA 建筑事务所

位置：日本·冈山县
标签：圆形，相切
分类：私人诊所
面积：150m²

图片来源：
图 1 ~图 3、图 10 来源于 *EL croquis* 第 139 期（SANAA，2004—2008），图 14 来源
于网络，其余分析图为非标准建筑工作室自绘。

我们总说甲方有钱、任性，但其实建筑师任性起来更可怕。

虽然建筑师一般没什么财力，但他们有脑力。甲方如果任性，最多做出 100 个 100m² 的房间，而建筑师要是任性起来，那可是能在 100m² 的空间里面做出 100 个房间的。

当然，估计广大"吃瓜群众"还是得问一句："吃饱了撑的吧！搞这么多房间那不和蚂蚁洞一样吗？还怎么住人？"

但我要说的是，这还真不是建筑师吃饱了撑的，而是为了让那些"吃不饱的人"能够"吃撑"。

这家牙科诊所位于日本冈山县的一处居住区内，面积仅 150m²，从外形上看真是"形貌"平平啊，就算是妹岛和世的粉丝，也夸不出花儿来（图1）。

然而我们再来看其内部空间（图2、图3）。按照院长先生的要求，诊所需要1个大的等候室、6个治疗区域，最好还有消毒室、器械室等一些"五星级"诊所的配置，最重要的是，还要有1间独立的院长办公室。当然，按照日本人的习惯，要是再有个带着枯山水的小庭院就更完美了。

虽然诊所面积不大，但院长先生的梦想很大。要实现这些杂七杂八的功能，算下来，至少需要18个独立房间。150/18，每个房间最多 8m²（图4）。

于是，妹岛和世决定任性一回，用她的智慧而不是建筑常识来完成这个设计。

图1

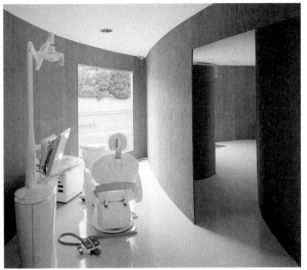

图 2　　　　　　　　　　　　　　　　　　　　　　　　　　　　　　图 3

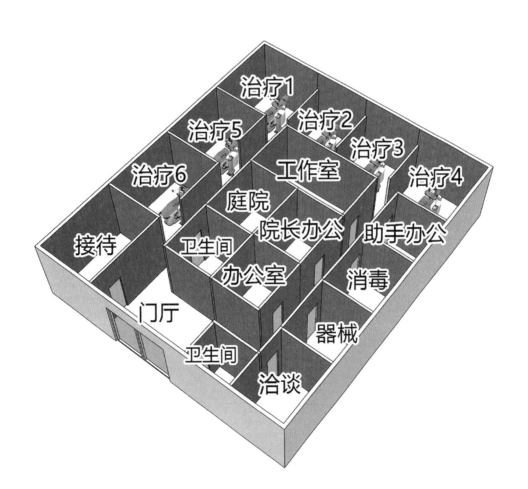

图 4

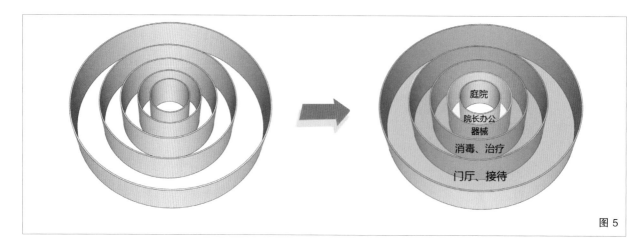

图 5

第一步：画圈

妹岛和世决定将这个建筑设计成圆形，这没什么问题，也没什么道理，就是建筑师自己的主观选择。但问题是，我们都知道圆形平面比方形平面更难布置房间，空间利用率更低，那这 18 个房间该怎么安排？

等一下，为什么圆形平面更难布置房间呢？因为房间还是方形的啊！而妹岛和世的智慧就体现在在圆形平面里使用同心圆来划分房间，这叫"保持设计逻辑的一致性"（图 5）。

第二步：相切

同心圆式的平面布局看着很美好，但使用起来就很不美好了。比方说，院长先生想从门厅回自己办公室，要先后穿过接待室、治疗室，还有器械室，就算院长愿意多活动一下，患者们也不愿意看牙还要被参观。所以妹岛和世继续"开挂"，让"同心圆们"不再"同心"，而是形成相切关系（图 6）。

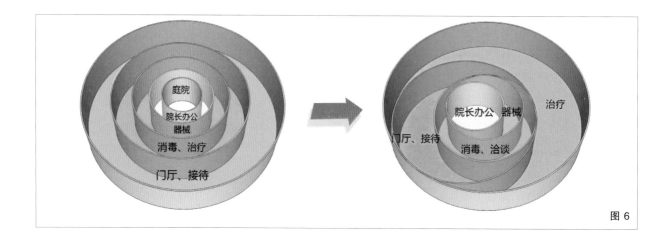

图 6

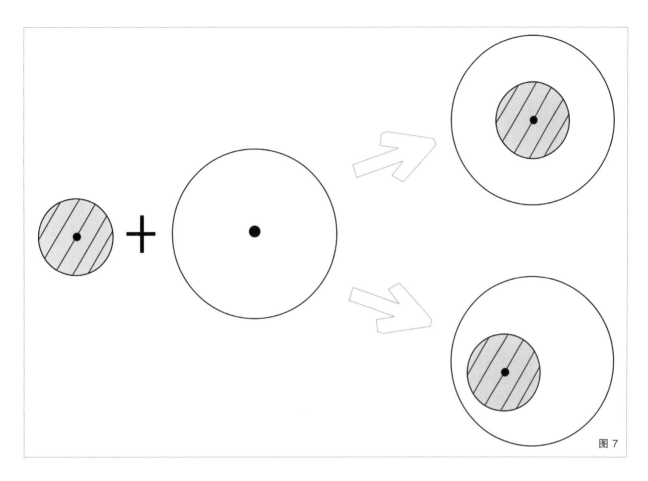

图 7

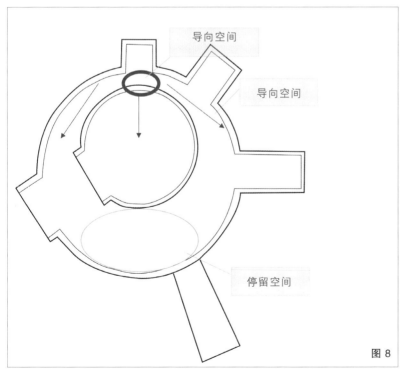

图 8

道理其实很简单，如果是多个圆同心，周围的空间会过于死板。圆心偏离一侧后，外侧的空间会自动分为导向空间和停留空间，也可以理解成异形走廊和圆形功能房间（图 7、图 8）。

第三步：变形

正圆形虽然能够很好地治愈人的强迫症，但会造成局部面积浪费，所以还需要进一步按照人的使用尺度变形为类圆形（图9），同时也要调整某些弧度过大的墙，使内部空间更便于摆放家具和医疗器械（图10、图11）。

第四步：打洞

相切后的圆形还是有短板，那就是在切点处会产生一些过于狭窄的消极空间。于是，妹岛和世的"智慧光环"又开始闪耀——在相切处开洞口，用以抵消这些狭窄空间。同时，由于这些开口的存在，空间中的不同部分彼此产生了行为上的连接和视觉上的互通（图12、图13）。

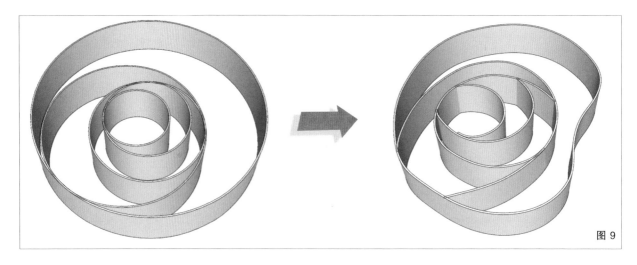

图9

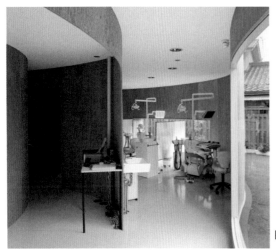

图10

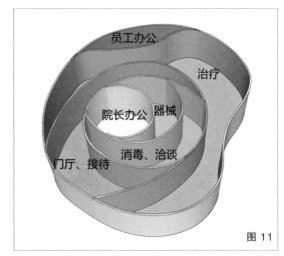

图11

彩蛋

通过改变空间划分的逻辑，"智慧女神"妹岛和世在 150m² 的建筑里游刃有余地设计出了 18 个符合使用需求的空间。

但还有一个问题，就算妹岛和世改变了空间逻辑与空间形态，可她改变不了实际的既定空间面积——再怎么变化也只有 150m²。那么为什么最终的设计会让人觉得空间很大，毫不局促呢？

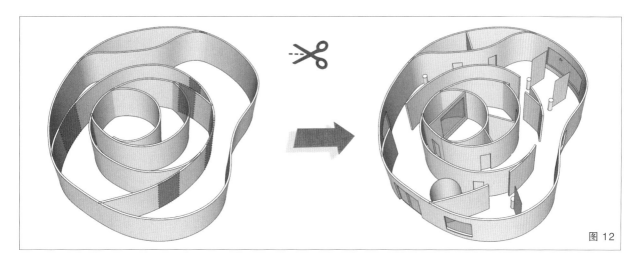

图 12

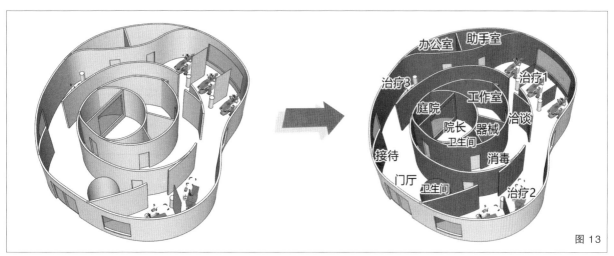

图 13

下面知识点来了！拿出小本本记好了！

我们对于空间面积的认识主要来自对空间体验的感知。也就是说，同样面积的空间，给我们体验越多的越显大。表现最明显的是自己家里装修前和装修后的情况。参观毛坯房的时候，我们一般都会觉得房子小，而装修完摆上家具后发现房间其实还挺大的，这主要就是因为装修后人在空间中的体验变多了。最经典的例子是宜家的"迷宫平面"——通过强制性的单行线设置和不同种类商品的视觉冲击，最大限度地延长了顾客在卖场的停留时间（图14）。

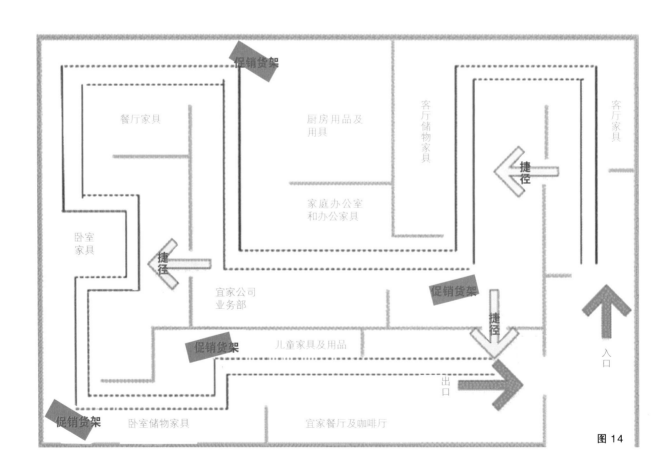

图14

妹岛和世也同样把握住了人们这种体验感知的心理，通过增加动线长度的手法来刺激人们获得更多的空间体验。相同面积下，圆形布局的动线长度是常规方盒子布局的两倍多（图 15）。

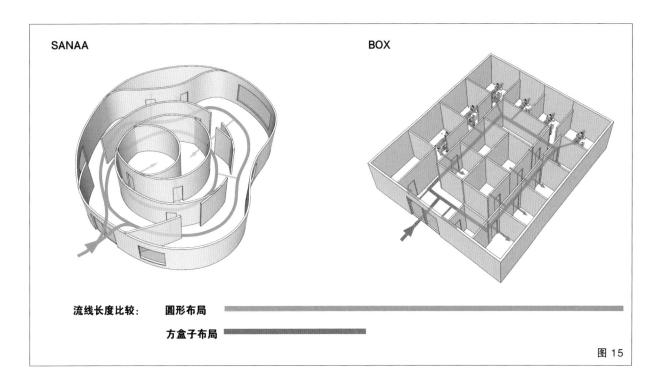

SANAA

BOX

流线长度比较：　圆形布局

　　　　　　　　方盒子布局

图 15

拉尔夫·沃尔多·爱默生说："智慧的可靠标志就是能够在平凡中发现奇迹。"在资本的裹挟下，建筑师的智慧好似都用在平衡各方利益关系上了。在疯狂的建设速度里，建筑师没有性格，只有性别，设计不产生价值，只产生费用。可我相信大多数建筑师心里还是明白，做设计是为了钱，但不只是为了钱，

如果有机会，还是想任性一回——让设计的智慧去展现智慧的设计。

最理想的项目大概就是既不用"卑躬屈膝"地去"阿谀奉承"，也不必"正义凛然"地去"扶危济困"，只是为那些平凡的生活创造超乎想象的惊喜与满足。

如何用一个方案搞定两个建筑

大仓山集合住宅——SANAA 建筑事务所

位置：日本·大仓山

标签：图底关系

分类：住宅

面积：210.58m²

天津生态博物馆与规划博物馆——史蒂文·霍尔

位置：中国·天津

标签：图底关系，空间反转

分类：博物馆

面积：60 000m²

图片来源：

图 1～图 6、图 9 来源于网络，图 7、图 8、图 12、图 16、图 19、图 20、图 25、图 26 来源于 EL croquis 第 139 期（SANAA，2004—2008），图 11 来源于 Google Earth，图 27、图 37 来源于 EL croquis 第 172 期（Steven Holl，2008—2014），其余分析图为非标准建筑工作室自绘。

图 1

图 2

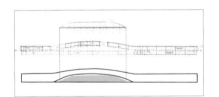
图 3

图 4

图 5

先讲一个故事。

2004 年，日本 SANAA 建筑事务所接了一个很小的活儿。由于规模不大，公司的建筑设计师西泽立卫就没有叫上他的合伙人妹岛和世，只是和一个叫内藤礼的艺术家一起设计了一下就交图了。不过妹岛和世看到这个方案后表示十分欣赏。

2005 年，SANAA 建筑事务所又接了一个活儿。这次项目规模很大，甲方很有钱，但是妹岛和世依然对 2004 年西泽立卫的那个小方案念念不忘，当然也有可能是实在想不出方案了。总之，她决定将那个小方案再用一遍，西泽立卫当然举双手赞成。

到了 2010 年，这两座建筑都建成了，堪称业界"一个方案赚两份设计费"的成功典范。这两个建筑便是 SANAA 于 2004 年设计的丰岛美术馆（图 1）和 2005 年设计的劳力士学习中心（图 2）。也就是说，丰岛美术馆这座建筑被"套"在了劳力士学习中心里（图 3 ~ 图 5）。

其实，这不是 SANAA 建筑事务所第一次这么做，也不是只有他们自己这么做。而且这么"抠门"的做法还有一个特别的名字——图底关系理论。这个理论简单来说，就是那些自我感觉特别好的艺术家和设计大师觉得自己简直太牛了，不但随便画个图形（形态）就很完美，就连剩下的那些"边角料"也很完美，总之就是这张纸上画的东西不是自己的这个作品就是自己的那个作品（图 6）。

图 6

完美 1 号：

大仓山集合住宅

提前"剧透"一下，大仓山集合住宅的室外空间设计源自 SANAA 建筑事务所的另外一个作品——玉溪花园（图 7 ～图 9）。

图 7

图 8

图 9

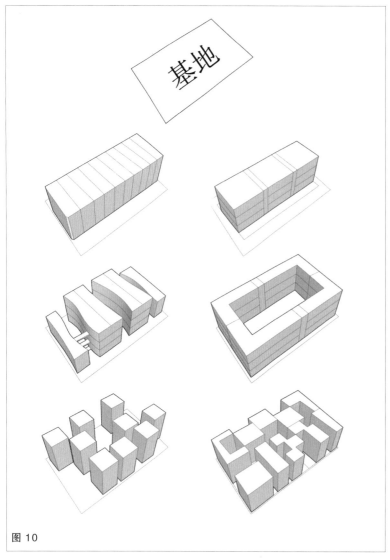

图 10

图 11

第一步：摆房子

大仓山集合住宅的地块紧邻大仓山车站，从横滨坐火车到这里只需要几分钟，用地面积约 500m^2，在这个地块上需要建 9 个约 50m^2 的租赁住宅。因为建筑物的高度和外形都受到城市规划的限制，即使妹岛和世再厉害，做这个住宅也得从摆房子开始（图 10）。摆了一堆"方盒子"后，妹岛和世忽然意识到：如果只是摆"盒子"，还怎么收设计费？那甲方就不用找自己做设计了。于是她赶紧跑去找甲方。所以在第一步时，她并没有想出什么有效的方案，第一步失败。

第二步：引入自然

妹岛和世跑去找甲方，甲方说："这块地交通十分便利，租房的人都是周边的上班族，而上班族的一天就是从一个'盒子'到另一个'盒子'，丝毫接触不到自然，所以我想将自然引入这座公寓中，用以吸引租客（图 11）。"那么，问题就很明确了：怎样将自然引入这个十分"城市"的地块中呢？

当然，这个问题对妹岛和世来说根本就不是问题，因为她做过的自然中的建筑非常多（图 12、图 13）。

图 12

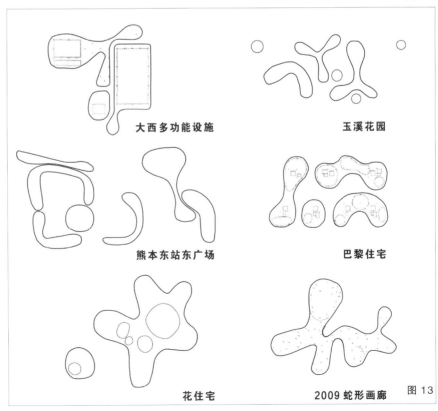

图 13

与线性的直角空间相比，建筑边界采用柔和的曲线，能与自然发生更多的界面联系，就像花瓣一样，建筑空间和自然空间是相互融合的（图14）。既然还是熟悉的味道，那就继续用熟悉的配方好了——妹岛和世直接把玉溪花园改成了住宅，还很认真地做了户型设计（图15、图16）。

但是妹岛和世发现，这样做好像又不太对。之所以说玉溪花园是自然的，是因为它的空间与自然是相融合的。如果将其直接拿来做住宅，那么与建筑空间相融合的其实是城市空间，即使你在有限的空地里塑造出自然环境，那也只是并不独立的如围墙一般的存在。

所以这一步，妹岛和世的户型设计又白做了。

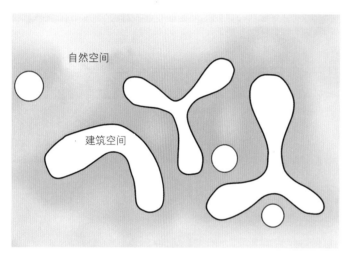

图 14

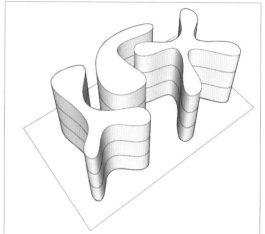

图 15

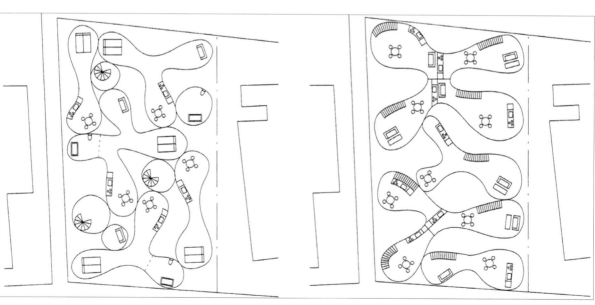

图 16

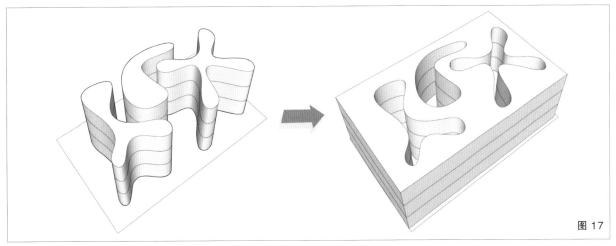

图 17

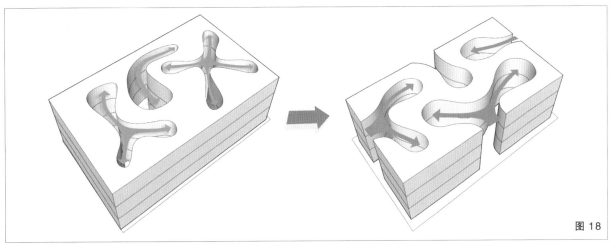

图 18

图 19

图 20

第三步：空间的反转

不能直接用，那就反过来用——空间反转（图 17）。当然，封闭的形态肯定不是妹岛和世的风格，所以，反转之后还要延伸（图 18）。这样不仅将外部环境引入内部，还打破了建筑空间"之内"和"之外"的绝对限制，在空间的内外级别上至少划分出了 3 个层次。同时，流线的多样性进一步模糊了空间（图 19、图 20）。

第四步：塞户型

用这样的空间形体做户型设计才值得妹岛和世出手（图21）。你可能已经发现了，这九户住宅上下都不对齐，还在原有的形体上切掉很多空间。这是为什么呢？下面让我们一层一层地看（图22）。

一层只有小范围空间落地，楼体被向上抬高，这样做就打破了以往单调的空间复合，在曲折的平面中人可以自由地选择方向和入口，下班回家的路线可以七天不重复，创造了与邻居偶遇的上百种可能，不到一周大家就全都认识了——这就是妹岛和世想要创造的新型邻里关系（图23）。开窗方式同时考虑了景观与隐私的要求——欣赏自然的同时，隐私也得到了保障（图24）。三层削去部分体量用作屋顶花园，空间多样性进一步得到深化（图25、图26）。

在这个案例中，SANAA建筑事务所用玉溪花园的室内空间来做这个公寓的室外空间，其实就是想将原有空间与自然良好融合的属性加入这个城市住宅中，让这座集合住宅成为众多城市"盒子"中与自然融合得最好的"盒子"。

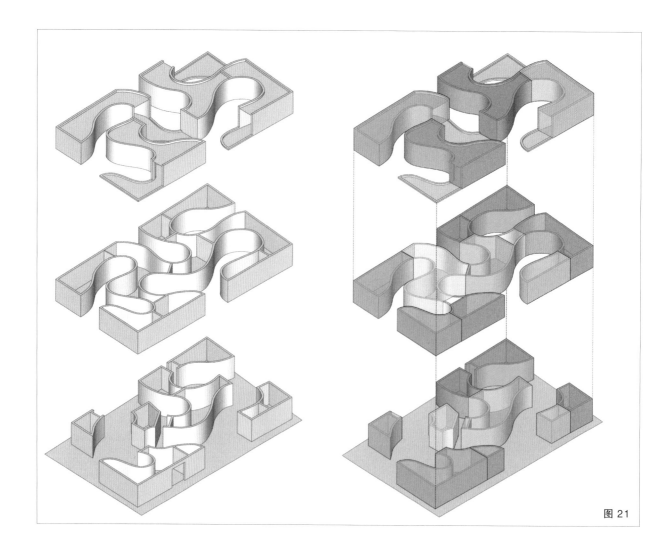

图21

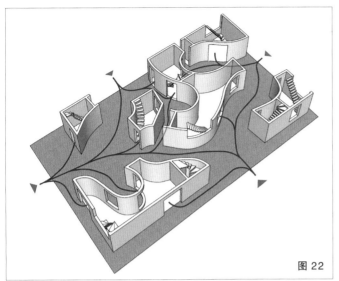

图 22

图 25

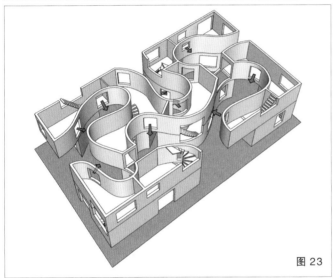

图 23

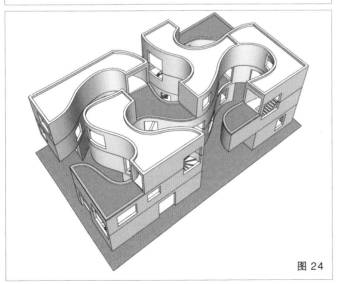

图 24

图 26

"抠门" 2 号：

天津生态博物馆与规划博物馆

生态博物馆与规划博物馆两座建筑就是彼此的"空间反转"，这是霍尔官方认证过的（图 27），但其生成思路和大仓山集合住宅迥然不同。霍尔为什么这么设计呢？是因为设计完一个，另一个懒得设计了，直接用 Ctrl+I 把图底反转就完了？或是想用水彩画左上角的那个"太极"概念来糊弄甲方？

先别瞎猜了，霍尔这样设计，肯定也和 SANAA 建筑事务所一样，注意到了空间反转的可能性。

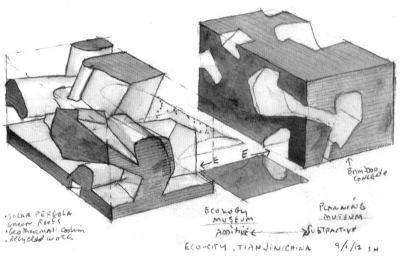

图 27

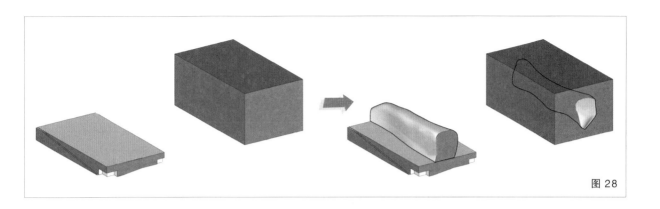

图 28

第一步：加（掏）中庭

该建筑的外部形体大致是在两个 90m×50m×40m 的 "方盒子" 里，所以这两个建筑的设计简单地说，就是左边的生态馆是在 "空盒子" 里 "加"，右边的规划馆是在 "实盒子" 里 "减"。

两个建筑都是大 "方盒子"，所以第一步就是要加（掏）中庭（图 28）。

第二步：加（塞）楼梯

先给左边的生态馆加结构，因为左边加出来后，按照空间反转的设计，规划馆相应的位置就是空的了，这样的结构怎么加楼梯？具体方式如图 29 所示。然后把加的这三块扩大，否则到后期就没有空间可以置入功能了。再给右边加楼梯，同时剪掉左边新加的那些体块（图 30）。

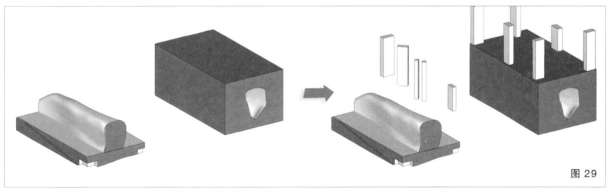

图 29

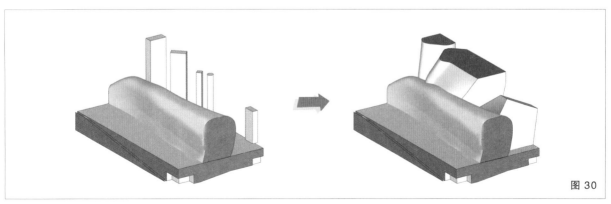

图 30

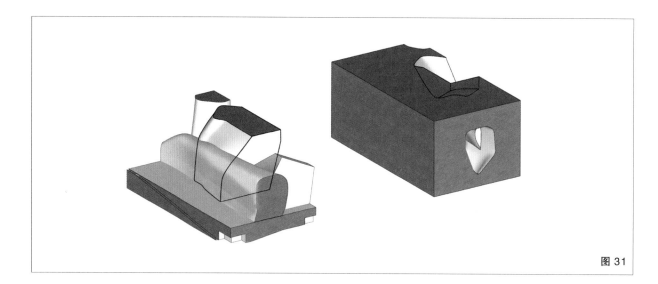

图 31

接着，给右边的规划馆减空间。霍尔这时候耍了个小聪明，原来生态馆所加的体块中，中间那个体块很大，如果如先前那样去减规划馆空间的话，会浪费很多面积（图31）。所以，霍尔保持了右边屋面与左边屋面形式的对应，而底下的形体迅速缩小，这样在减少面积损耗的同时，又不破坏空间反转的大效果。之后类似的空间还有很多，原因基本差不多，就不再多说了。

第三步：掏光孔

这次就要反过来了，因为"空盒子"到处都是采光面，所以要先掏 "实盒子"，然后再将掏采光孔产生的体块加到生态馆中（图32）。

那么问题来了，看到这两个体块后，你最有困惑的可能就是，这两个架空的长条能干什么？先说下面那个，因为有斜面的存在，所以霍尔将其做成了有阶梯看台的活动区。而上边那个更奇怪的长条，后面分析参观流线的时候会说到。

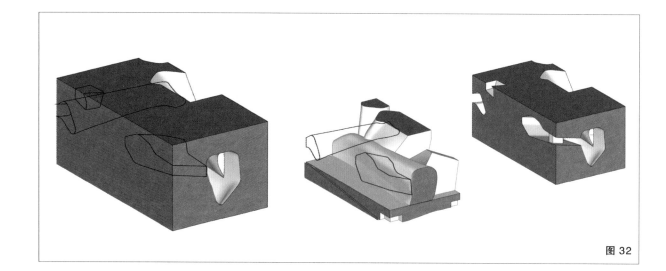

图 32

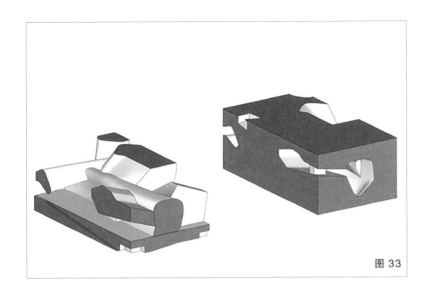

图 33

第四步：掏入口和其他细节

在规划馆中"减"出多个入口。你可能注意到了，生态馆底层有一个并不符合空间反转的"方盒子"存在（图33），其实这是为了在生态馆底层置入很多功能，如商业、展厅、门厅等。同时，这个"方盒子"也是为了保证"完形"效果，如果去掉，左边与右边的反转关系便没有那么明显了（图34）。

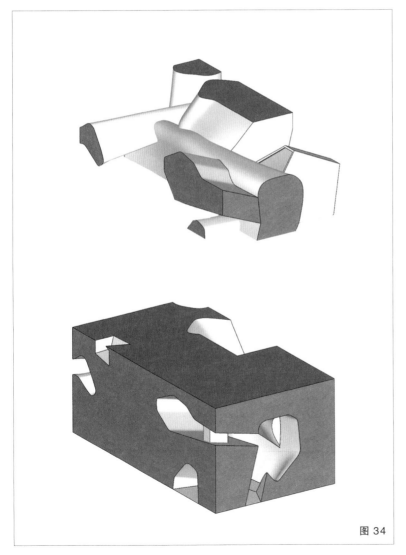

图 34

第五步：塞功能

形体和空间的大致生成过程拆完了，下面就来看功能是怎么塞进这些看似奇怪的形体中的。

因为，霍尔将展品库房、展品装卸区都放在了地下层，所以后面的分析就跳过这部分功能区了。

1. 展厅

因为这两座建筑都是展览馆，所以展厅就用一条参观流线拆解（图 35）。

2. 办公、商业

除去展厅后，剩下的空间也不多了，接着将办公、商业空间塞进去（图 36）。

最后，加上其他细节完成建筑（图 37）。

1 号和 2 号两座建筑空间生成的思维方式虽然不一致，但都体现了空间反转的可能性。对于空间反转或者图底关系，大家可以这样理解：虽然设计没有标准答案，但是可以

进行空间反转的建筑肯定是一个好建筑、好空间。就算咱们自己不会做，但在评论别人的方案时绝对是提升格调的利器。

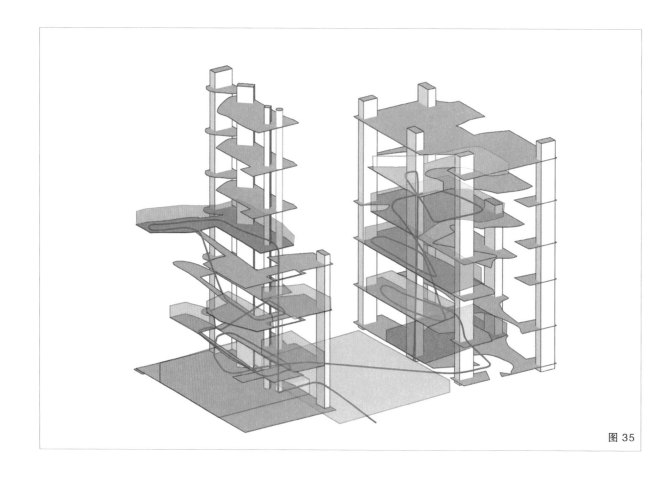

图 35

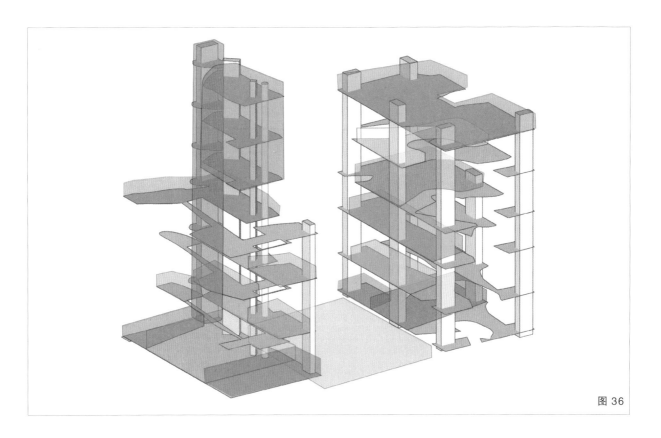

图 36

图 37

这是一个快速改造项目："快乐"的"快"，"造作"的"造"

Vakko 总部和 Power 媒体中心——REX 建筑事务所

位置：土耳其·伊斯坦布尔

标签：改造

分类：办公楼

面积：9100m²

假期后上班（上学）的小伙伴们，感觉怎么样啊？是不是还想继续放假呢？

好了，看看你的支付宝账单和银行卡余额，就别再和你的假期矫情了，你现在唯一可以矫情造作的对象只有你的工作。

为了配合大家上班的快乐心情，我们今天也拆一个快乐的建筑。

相信我，真的很快。

曾经，土耳其伊斯坦布尔有一个"茁壮生长"的旅馆小楼，没想到甲方倒闭跑路了，这个好好的旅馆小楼就变成了一个"好好的"烂尾旅馆小楼（图1~图4）。

每一个烂尾楼都有同一个梦想，就是再找一个甲方收尾。结果，我们

的烂尾小旅馆"楼品爆表"，开盖就抽到"再来一瓶"，还是"过山车版"的。

一夜之间，它就有了新甲方，而且还是两个：土耳其Vakko时装公司和土耳其的MTV频道Power媒体公司一起买下了这座烂尾楼，并

委托纽约REX事务所把它改造设计成一栋新的时尚办公楼，供两家公司使用。而且，这两个甲方要求这栋楼必须在一年之内投入使用。

也就是说，**从设计到施工再到装修一共只有一年**！倒推工期，满打满算留给方案设计的时间只有**四周**！

图1

图2

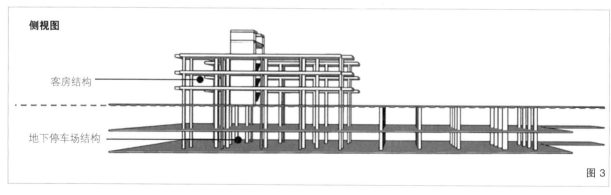

侧视图

客房结构

地下停车场结构

图3

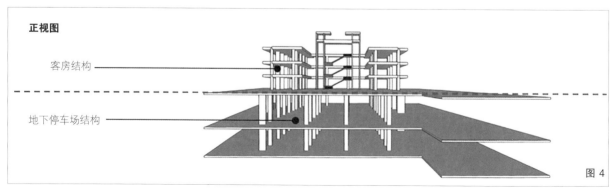

正视图

客房结构

地下停车场结构

图4

您说您要是这么着急，您二位买个现成的写字楼不好吗？您要是不着急，又何必跑来给建筑师考快题呢？

遇到这种明摆着矫情的甲方，跑去讨价还价除了浪费时间没有任何作用，明智的选择只有两个：要么就愉快地辞工回家，不伺候了；要么就顺水推舟，比甲方还能"作"，看谁先受不了。

REX 果断地选择了"作"。

四周做方案？四天就够了！

第一天：分家

虽然两家公司关系十分要好，但也不能腻歪在一起办公。所以，第一个问题就是怎样利用现有框架把这两家公司分开。

计划一：左右劈开（图 5）

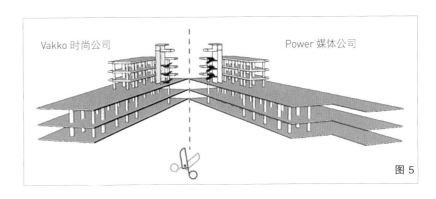

图 5

这样最公平，一人一半，完全一样。但现实是，两家公司的需求完全不一样。

媒体公司的大部分功能空间，如演播室、录音室、工作室等对声音衰减和灯光控制都有特别严格的要求，基本都是暗房间。另外，如果一人一半，中间交接部位怎样做到互不干扰又便于交流也是设计中的大问题。

鉴于时间紧张，不适合做大费脑子的空间设计，所以 REX 果断放弃计划一，选择计划二。

计划二：上下切开（图6）

地下暗房间全给媒体公司，地上小开间给时装公司，首层门厅大家共用。

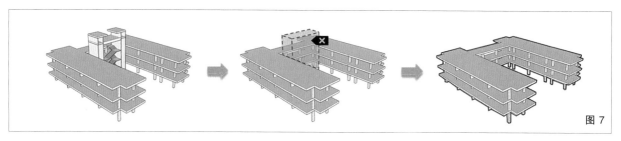

图6

第二天：工地可以开工了

确定完怎样分之后，必须对原有建筑结构进行整理改造。改造原则就是能不动就不动，必须要动的就开工赶紧动。柱网肯定不能动，动了就和拆了没什么区别。而原来的交通核就那么"傻、大、耿直"地杵在中庭里，实在有碍观瞻，而且两家公司共用一部楼梯也不方便，所以先拆了交通核（图7）。

旅馆的死胡同——C字形流线对于办公空间来说效率太低，更重要的是，面积也不太够，所以，设计团队又把楼板补齐，形成"回"字形（图8）。至此，虽然设计方案八字刚有一撇，但工地已经可以开工干活了。

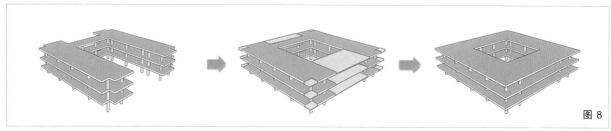

图7

图8

第三天：正式和非正式

自从库哈斯对功能空间进行了正式和非正式的划分，这基本上已经成了大多数建筑师的共识。

办公空间一般可划分为75%的正式办公区和25%的非正式办公区（图9）。

正式办公区 **75%**　　非正式办公区 **25%**

图9

所以，在原有上下分区的基础之上，REX 进一步把空间划分为媒体公司的正式办公区、时尚公司的正式办公区以及共用的非正式办公区三大部分（非正式办公区主要包括门厅、报告厅、展厅、休息厅等）。

那么，问题来了：这三部分应该怎样组合？

空间的使用其实是不均衡的。比如，媒体公司肯定使用报告厅更多，而时尚公司则会更多地使用展览空间。

因此，REX 建筑事务所做了十字交叉组合（图 11），把非正式办公区进行旋转，一方面利用中庭高度解决层高较高的问题；另一方面使空

间交叠，回应不均匀使用的问题，也就是对非正式办公区进行功能细分：在与时尚公司较近的部分布置展览厅等，与媒体公司较近的部分布置报告厅等。

由此，我们得到如下的功能关系图（图 12）。

一般组合："叠猫猫"（图 10）

把非正式办公区直接置入首层，连接两个公司的正式办公区。大部分普通建筑师都会选择这种方式，看起来很合理，且省时省力。事实上，这种合理也仅仅是"看起来"而已。

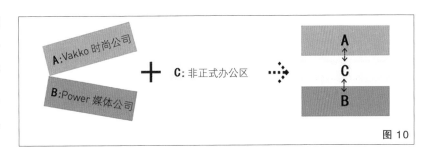

图 10

首先，由于非正式办公区域的层高较高，直接放在首层将浪费两层的正式办公面积。作为一个烂尾楼改造项目，这样做意味着必须要拆掉整整一层楼板。另外，我们更容易忽略的是，两个公司对非正式办公

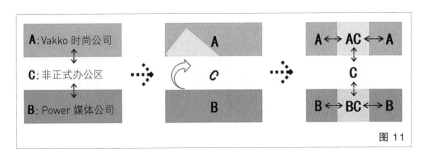

图 11

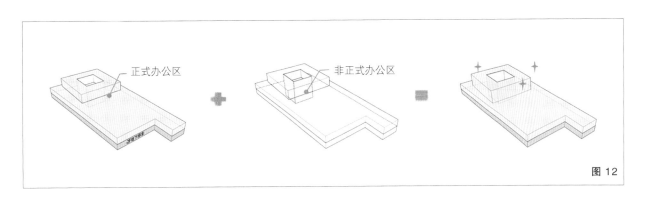

图 12

第四天：概念"套词"

虽然时间已经过去了 3/4，方案看起来也已经面目清晰，但其实解决的都是基本问题。

在一个正常的方案周期里，剩下的大部分时间都会在寻找建筑概念、打造空间模式、设计形式亮点、发现能力有限搞不定而重新寻找建筑概念的无限循环、无限纠结、"无限"掉头发中艰难度过。而我们现在只有一天时间，能把房间正常排完就不错了，对不对？

正式办公区与停车场如图 13 所示，非正式办公区如图 14 所示，组合如图 15 所示。

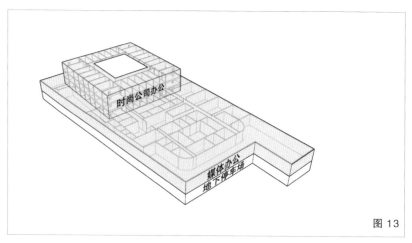

图 13

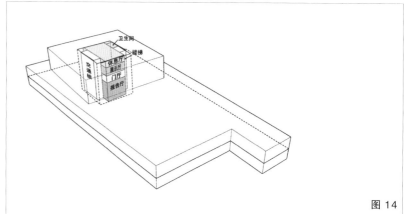

图 14

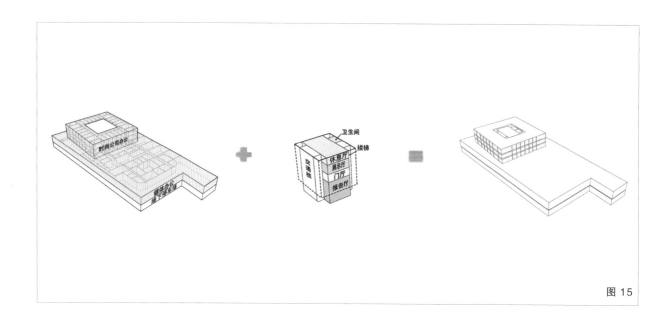

图 15

作为一个成熟的建筑事务所，不擅长"即兴表演"不可怕，谁让咱们存货多呢？

这个操作的学名叫——套词，也被亲切地称为自己抄自己。

那么，REX 建筑事务所抄的是自己的哪个方案呢？就是那个著名的甲方很满意，但就是死活不建造的"披着羊皮的狼"——一圈正常办公区围着一个复合功能中庭（图16），和现在这个烂尾楼的功能结构高度一致。原方案的中庭是复杂的折叠楼板，但现在时间有限，将其简化成台阶，抄个"低配"版本就差不多了。

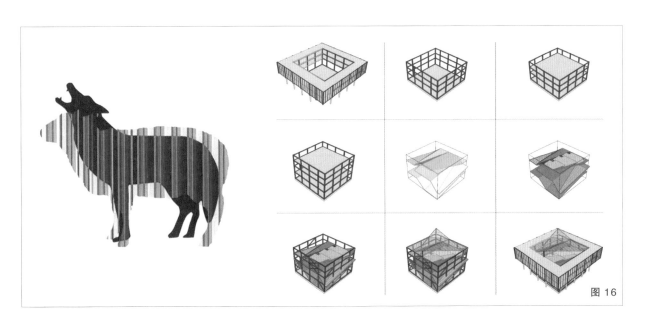

图 16

第一步：确定楼梯位置。在每两层之间加入楼梯（图17）。

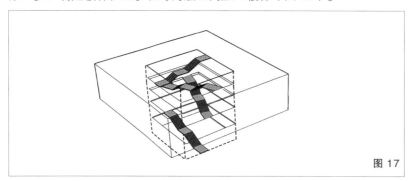

图17

第二步：功能空间台阶化。这招后来在给暴雪公司做的办公楼改造中也用过，大概是发现了低配版的"狼"更有市场。

1. 如图18所示，报告厅台阶化。
报告厅的观众席部分原本就应当起坡，REX沿坡度削减体量，并把报告厅两侧的疏散台阶直接作为楼梯台阶。

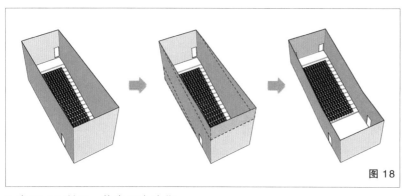

图18

2. 如图19所示，休息厅台阶化。

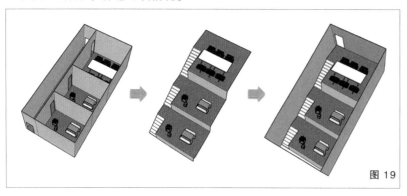

图19

3. 如图 20 所示，展厅台阶化。

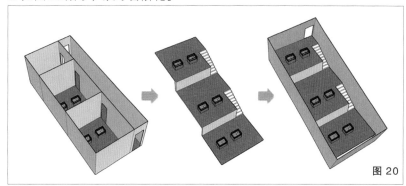

图 20

4. 如图 21 所示，门厅台阶化。

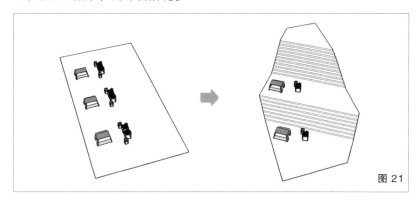

图 21

第三步：将台阶化的空间体块归位到第一步确立的楼梯位置上
（图 22），并拉长中庭以适应台阶体块（图 23）。

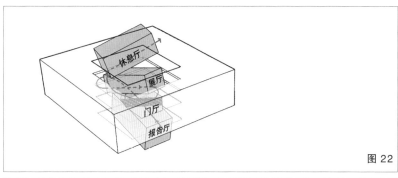

图 22

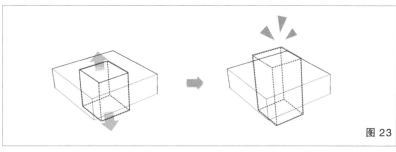

图 23

第四步：在剩余空间中加入卫生间、消防楼梯与电梯交通核（图24）。

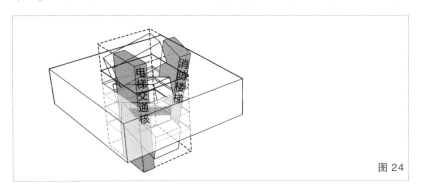

图24

第五步：首层架空，补齐面积（图25）。

首层架空，将入口直接开在非正式办公区，并把因此减少的环状办公面积化身为盒子空间，补齐到中庭顶部。

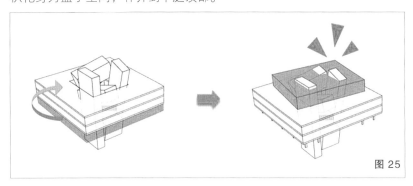

图25

第六步：结构设计（图26）。

土耳其属于多震地区，因此，新增的中庭盒子必须拥有独立的支撑结构，与建筑原有的框架结构脱离，形成自己的受力系统。这里选用钢架结构包裹盒子，并在中庭底部设置独立的、与原有结构脱离的地基。

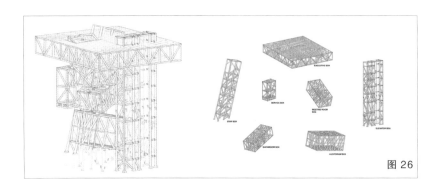

图26

第七步：贴上酷炫的全镜面反射表皮（图 27 ～图 31）。

图 27

图 28

图 29　　　　　图 30

图 31

第八步：组合，并加入外表皮（图 32）。

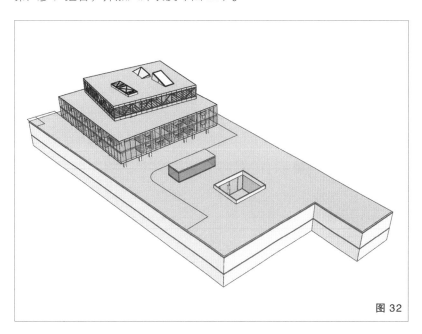

图 32

这就是 REX 建筑事务所四天做出来的设计，堪称史上最难快题考试。但显然，REX 取得了好成绩，因为甲方表示很满意。一年之后，两个公司如愿搬入了新的办公大楼（图 33、图 34）。

图 33

图 34

让我们再来看一遍完整过程（图 35）。

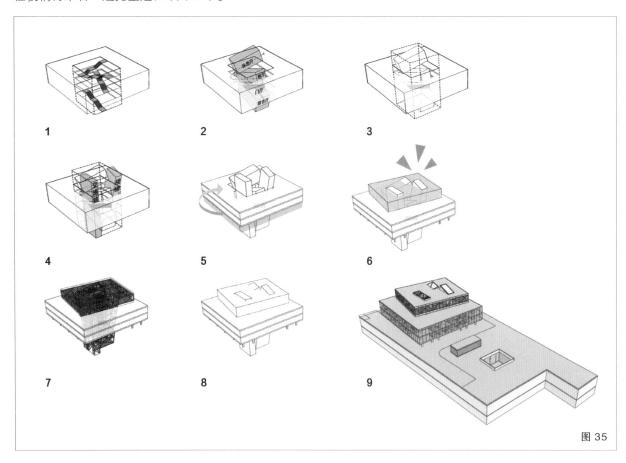

图 35

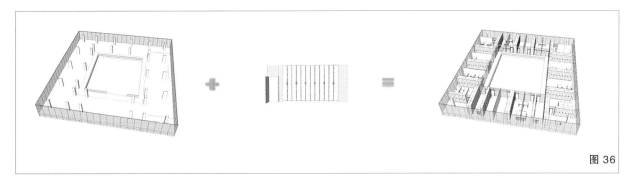

图 36

这两个甲方的快乐完全就是建立在
设计速度上，不求最好，但求最快。
虽然你敢"作"，他就敢"造"，
但 REX 建筑事务所还算负责，边
施工边增加了很多细节设计。

图 37

图 38

例如，办公区的内部空间不用墙
体分隔，而用定做的柜子分隔
（图 36、图 37），既巧妙地隐藏
了柱子，又进一步节约了面积。

外表皮采用了特制的带肋玻璃
（图 38、图 39）。这种玻璃抗风
压效果好，可以免于将玻璃龙骨直
接安装于楼板结构之上，进一步实
现整体外形的轻盈感（图 40）。

最后，告诉大家一个亘古不变的真
理：家里有存粮真的很重要啊！

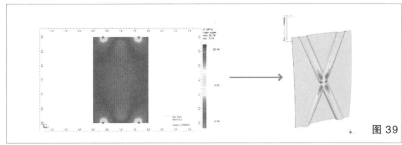

图 39

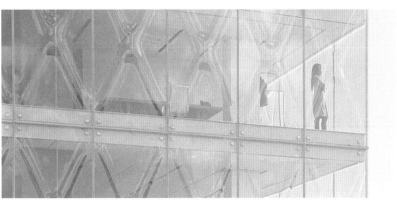

图 40

怎样把平庸的长方形做成炫酷的非线性

路易威登（LV）东京银座旗舰店——UNStudio 建筑事务所

位置：日本·东京
标签：立体交通，非线性
分类：商业建筑
面积：6000m²

图片来源：
图 1 来源于 http://www.gooood.cn，图 2、图 4 来源于网络，图 3、图 5 来源于 http://www.zhulong.com，其余分析图为非标准建筑工作室自绘。

图 1

图 2

说起来，现代主义也发展了一百多年了，早已经从当初的"叛逆少年"变成如今的"平平无奇"。现在的建筑师无论拿到什么样的任务书，第一反应都是先拉个体块再说。但"江山代有才人出"，要问现在建筑界的"前卫少年"是谁？"非线性"认第二没人敢认第一。

虽然非线性参数化被喊了这么多年，但还是方案多，建成的少，连以非线性参数化设计而闻名的"女魔头"扎哈·哈迪德也有十年没有建成项目的尴尬空窗期。原因其实很简单，要实现一个非线性设计的建筑方案，至少需要两个必要条件：

第一是需要一个有钱且舍得砸钱的甲方，不是那种一般的有钱，而是非常、非常、非常有钱的那种。所以，建成非线性项目最多的地方是哪儿？不用说你也应该猜到了，就是迪拜啊。

第二是要有很大的场地，不是说绝对的大，而是相对建筑面积来说很宽敞的场地，这样才能使那些非欧几何形式得以伸展（图1）。

然而事实上，先不说"土豪"甲方本来就是可遇不可求的，单说用地，我们在城市中见到的情况一般都是图2中这样的。

在寸土寸金甚至寸土"寸钻石"的当代都市，能有个弹丸之地已经实属不易，甲方不想花钱还想要炫酷的效果，说真的，你还有办法吗？有人就有，比如 UNStudio，他们在东京银座设计了一个 LV 旗舰店，如图 3 所示。

图 3

东京银座不用多说了，它是全世界最著名的奢侈品街之一（图4）。多少一线品牌只能在夹缝中求生存，但 UNStudio 硬是在夹缝中帮 LV 杀出了一条血路。

别看这座 LV 旗舰店的建筑外表还算含蓄，但其真正的格调与非线性体现在内部，如它的交通系统（图5）。

是不是有点晕？别着急，让我们来拆解一下这个让人看着很"方"的建筑。

图 4

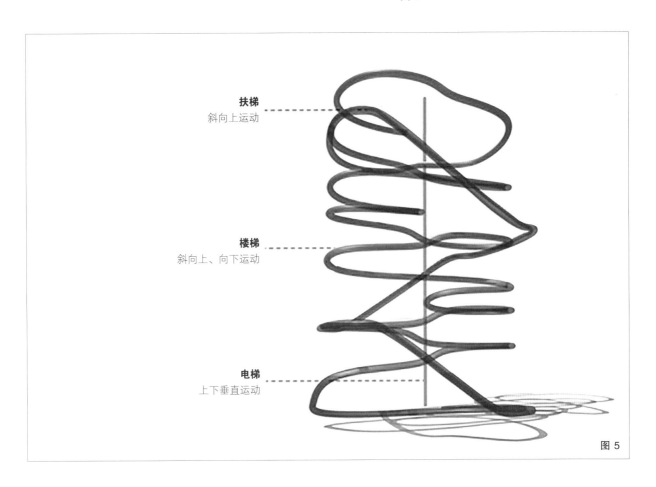

扶梯
斜向上运动

楼梯
斜向上、向下运动

电梯
上下垂直运动

图 5

★划重点：

当任务书中的限制因素使你的建筑形体只能做一个"大方块"时，不要为形体单一而"方"，因为丰富的内部空间照样可以使你的建筑别具一格（图6）。

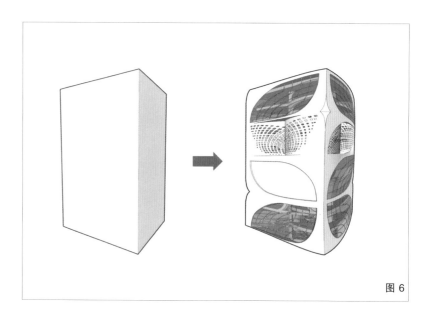

图6

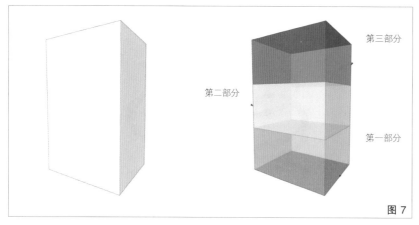

图7

第一步

将建筑体块根据大的功能分区进行垂直分割。在这个方案中，UNStudio 将整个体块分为三大块，每一块都负责展销 LV 的一个分支品牌，以方便顾客准确地找到自己心仪的那一个（图7）。

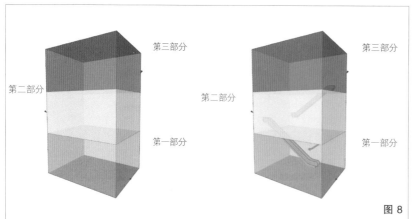

图8

第二步

用直行电梯这一"快进程"方式来连通三大块品牌分区，并分割楼层，电梯并不是在各层都停留，而是跨越楼层，只连接各品牌分区（图8）。

第三步

根据结构要求在建筑体块中布置核心筒，并将每一层楼板以核心筒为中心进行分裂。在这个案例中，UNStudio 将各层楼板均割裂成了田字格般的四个小楼板，并减去一些楼板形成通高空间（图 9、图 10）。

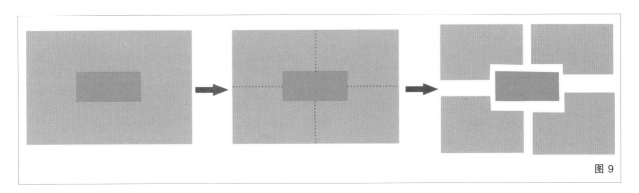

图 9

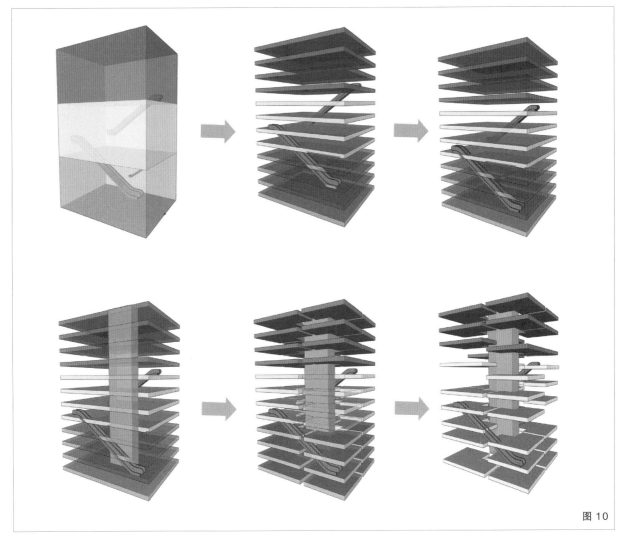

图 10

第四步

将各大块中的楼板进行相对垂直方向上的错位。UNStudio 是按照他们一贯的
手法，通过螺旋上升状的原则进行错位的。一层层错位的楼板如同螺旋楼梯
的一级级台阶盘旋而上，各小平台之间直接用小楼梯串通连接（图 11 ）。

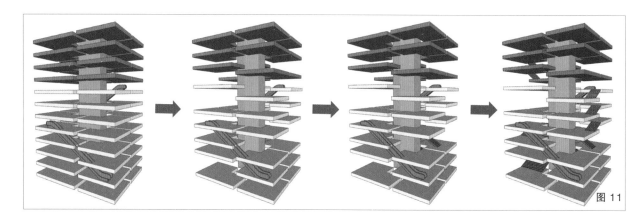

图 11

第五步

被分割的楼板此时可以被设计成各种形状，但由于三叶草形是 UNStudio 最
为偏爱的形体原型，又契合了 LV 的经典图案，所以这个项目中的小楼板被
削成了叶子的形状。削去的部分形成了各种形状的通高空间，使整体空间更
加通透（图 12、图 13 ）。

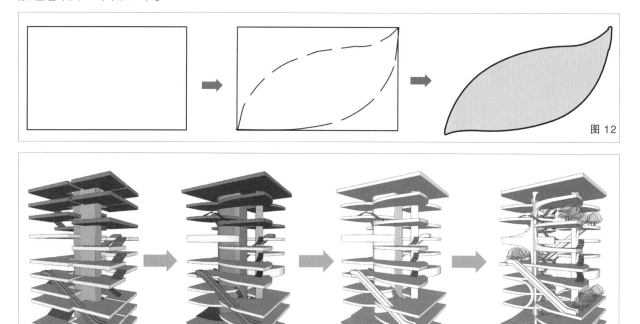

图 12

图 13

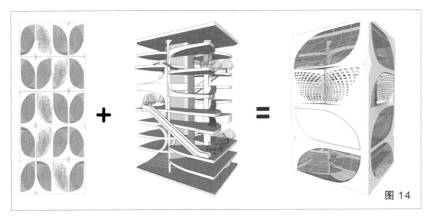

图14

第六步

再加上你喜欢的各种表皮就大功告成啦（图14）！

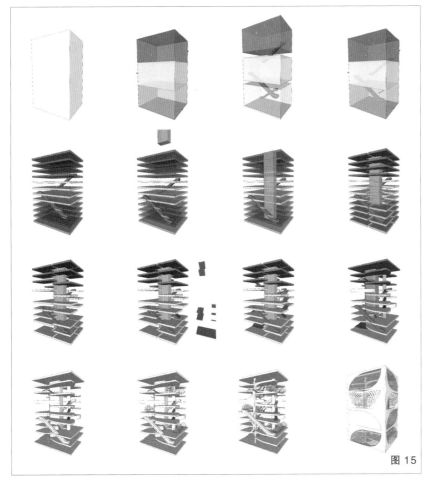

图15

再看一遍完整过程（图15）。

这个套路你学会了吗？

要记住，只要脑袋不"方"，一切"方"就都不可怕！

怎样用小建筑的手法控制大建筑

上海保利大剧院——安藤忠雄

位置：中国·上海

标签：体块，穿插

分类：剧院

面积：26 000m²

图片来源：

图1~图3来源于http://photo.zhulong.com/renwu/detail77.html，图4~图6、图11~图13、图19、图21、图22来源于https://www.archdaily.com，其余分析图为非标准建筑工作室自绘。

这个问题其实憋在我心里很久了。

教科书上、作品集里的各种住宅、教堂的设计师都恨不得在鸡蛋壳大的地方里搞出"七十二变"，这让我们怎么学习？

比如安藤忠雄大师，真是哪里都好，就是"不好学"。你看人家对甲方好，用的建筑材料又便宜又常见，就是清水混凝土，还不用装修，也没有高科技，绝对不让甲方多花钱；对结构师也好，建筑很少有什么高难度动作，非线性参数化等从来不碰，尽可能让结构师少操心；对后辈也不错，成为大师之后，就遍邀著名建筑师给学生们讲课，并将讲课内容编辑成书——建筑系学生人手一本的《建筑师的20岁》。对"吃瓜群众"来说，能发朋友圈的建筑就是好建筑，安大师的教堂系列个个儿都是"网红"。但只有一点，安大师的建筑体量都比较小，有些地方虽然看上去挺协调的，可大部分很难借鉴，而且寡淡的清水混凝土跟现在酷炫的建筑一比，也显得有点儿落伍。

就拿红遍全网的"三大教堂"——风之教堂、水之教堂、光之教堂来说，精巧是真的精巧，浪漫也是真的浪漫，但要在人口密度大的地方照样来一个，这只能容纳百八十人的空间，还不是分分钟就被挤爆了（图1～图3）？可如果把这些教堂放大十倍，那……

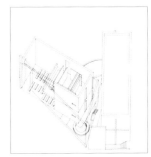

图1

图2

图3

那么，安大师真的已经落伍了吗？为了证明自己，安大师做了图 4 中的这个项目。这个建筑并不小，年代也不算久远，就是安藤忠雄 2014 年在中国建成的作品——上海保利大剧院（图 5、图 6）。

看着是不是很不"安藤"？别着急，下面就告诉你，安藤的小建筑思维是如何运用到大建筑中去的。

首先，我们看看安藤忠雄惯用的小建筑手法。安藤忠雄有"四宝"：**方块、斜墙、圆厅、大台阶。**

图 4

图 5　　　　　　　　　　　　　　　　　　　　　　　　　　　　　　　　　图 6

第一宝：规整的功能方块

不同于很多建筑师将内部空间做得很复杂，或为了造型需要而使功能块
扭曲变形，安藤忠雄通常都是将功能空间设计成规整的矩形，其设计重
点往往是建筑与环境之间的部分，通过片墙和楼梯的组织形成丰富的路
径和半室外空间（图 7）。

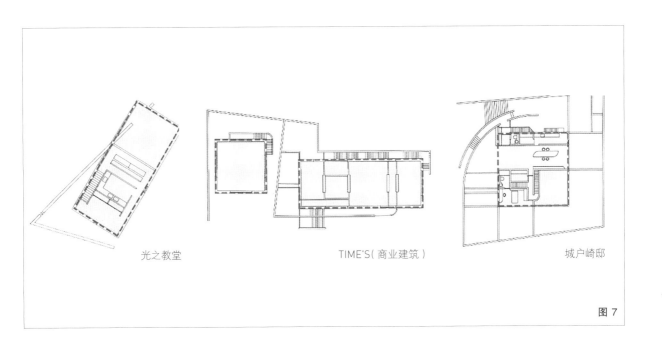

光之教堂　　　　　　　　　　　　　TIME'S（ 商业建筑 ）　　　　　　　　　　城户崎邸

图 7

第二宝：斜墙——墙面的穿插

片墙不仅组织了路径，而且通常会与规整的功能块形成穿插，一方面打破室内规整的体量，丰富室内空间，另一方面也将自然环境引入室内（图8）。

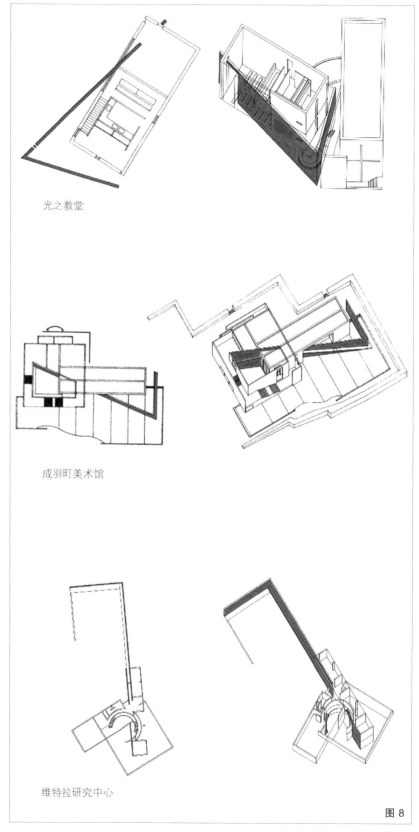

光之教堂

成羽町美术馆

维特拉研究中心

图 8

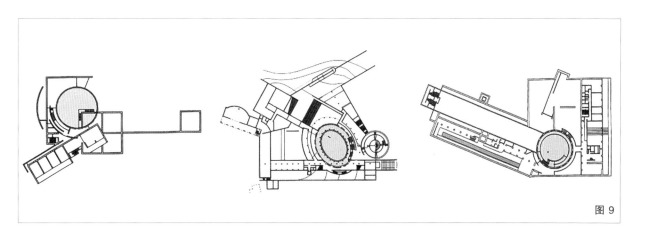

图 9

第三宝：圆厅

在有多个功能块时，安藤忠雄通常会用圆形的厅将几个体块衔接起来，一方面可以消除体块相交时产生的硬角空间，另一方面也可以将圆形厅作为几个功能块的共享空间（图 9）。

第四宝：大台阶

安藤忠雄是比较喜欢用大台阶的建筑师。大台阶不但可以形成向上引导的路径，更可以为人在进入建筑前的心理体验做铺垫，形成仰望建筑的独特视角。同时，大台阶也是丰富室外空间的重要手段（图 10）。

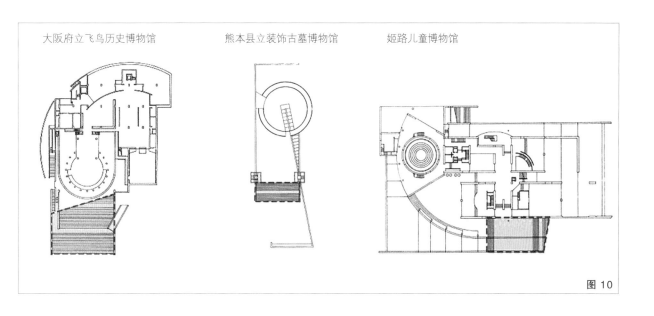

大阪府立飞鸟历史博物馆　　熊本县立装饰古墓博物馆　　姬路儿童博物馆

图 10

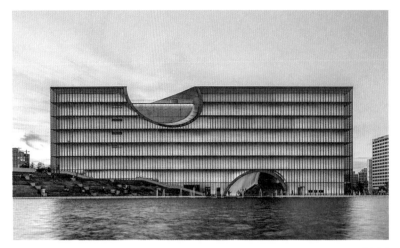

图 11

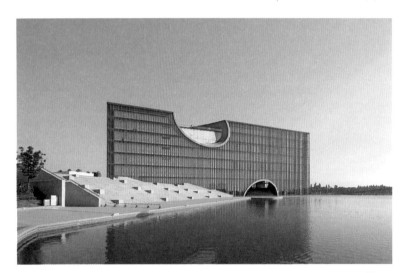

图 12

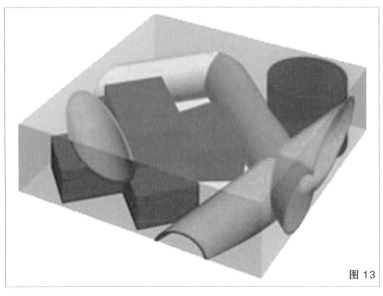

图 13

这"四宝"正是安藤忠雄多年纵横江湖"打小怪兽"的利器,但如今"小怪兽"变成了"大怪兽",你们猜,这"四宝"还管用吗(图 11)?

乍一看,上海保利大剧院与前面那些建筑完全不是一个路数,其体量巨大,造型也比较规整,怎么看都像是另一个建筑师的设计。但如果把建筑的外壳去掉,我们就会发现,这个建筑在解决问题的策略上与大师之前的建筑并没有什么区别(图 13)。

先看剧院的主要功能空间,依然是安藤忠雄常用的规整功能块,布置也很常规,基本上 90% 的剧院都是这样做的。建筑的设计重点依然是主要功能空间与室外环境之间的部分,只不过这次在建筑整体之外又套了一层表皮而已(图 14)。

圆形的厅在这里作为门厅使用,同时也是最大的共享空间(图 15、图 16)。 室外同样用大台阶丰富场所,也同样配以水景来丰富视觉体验(图 12)。

至此,前面说的安藤"四宝"有三宝已经得到了体现。那第四宝呢?

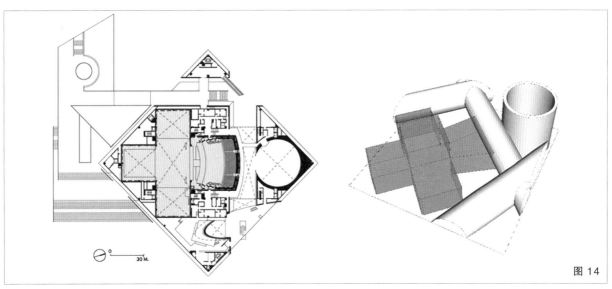

图 14

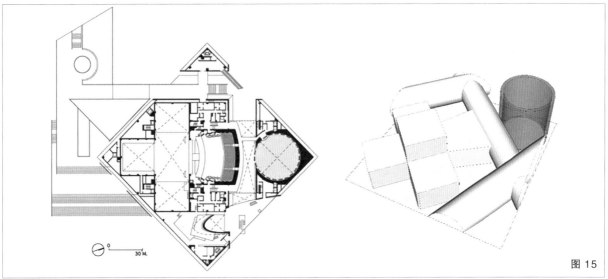

图 15

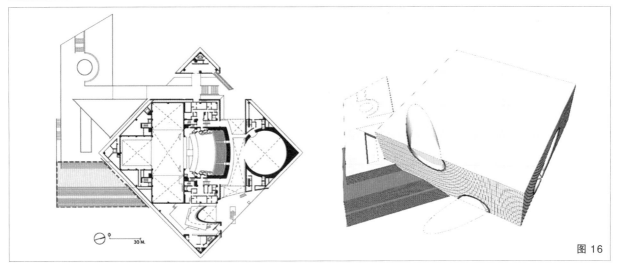

图 16

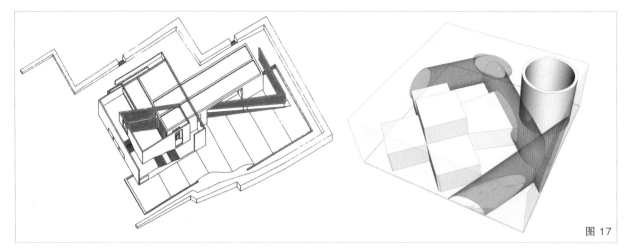

图 17

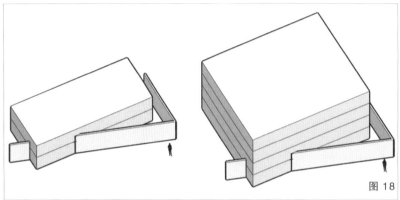

图 18

单面片墙的穿插显然无法控制住这么大的建筑体量，于是安藤忠雄将墙面的穿插转变为圆柱形体的穿插，这也是他唯一变化创新的地方（图 17）。在安藤忠雄以往的小建筑设计中，空间的丰富性主要来源于片墙与功能体的相互穿插，但当功能体变得过大时（三层已经是极限），他的片墙就无法再去主导空间的组织，最多只能在局部空间使用了（图 18、图 19）。

图 19

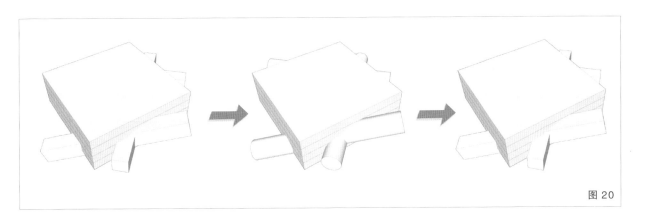

图 20

这是因为如果将片墙这一元素也随建筑体量等比增大的话，在高度和长度上都是设计师无法驾驭的，片墙越大就越平面化，也就越失去了对三维空间的控制。从实际上来看，片墙做到两层到三层已是极限了。那么，片墙想要增大就只能在 Z 轴上横向变宽，如此一来片墙自然就变成了体块（图 20）。

最终，在上海保利大剧院的设计中，安藤忠雄将原来二维的片墙穿插转换为三维的圆柱体穿插。但这样操作的目的并没有改变——依然是打破规整体量，将自然景色引入室内（图 21、图 22）。

图 21

图 22

正所谓万变不离其宗。无论建筑体量是大是小，也无论时代如何变化，建筑终归是为人服务的。只要人类没有突发变异，人使用建筑的方式没有发生质的变化，那么一套行之有效的设计策略其实是可以运用到不同的建筑上的。'

让我们再来梳理一下上海保利大剧院具体的操作步骤：

1. 确定基本的体量（图23）   **2. 确定主要功能空间的位置及体量（图23）**

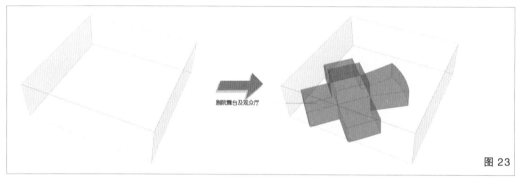

图23

3. 确定门厅的位置（图24）   **4. 确定辅助功能的布局及垂直交通的位置（图24）**

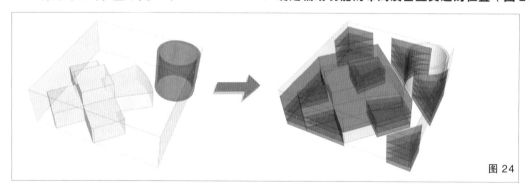

图24

5. 圆柱体穿插形成半室外空间（图25）   **6. 圆柱体空间内的交通处理（图25）**

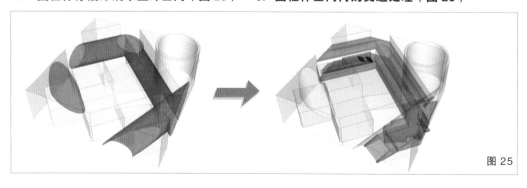

图25

7. 加上表皮（图26）　　　　　　　### 8. 加上天窗及屋顶剧场的台阶（图26）

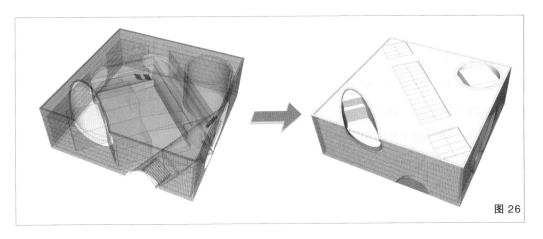

图 26

9. 处理室外场地（图27）

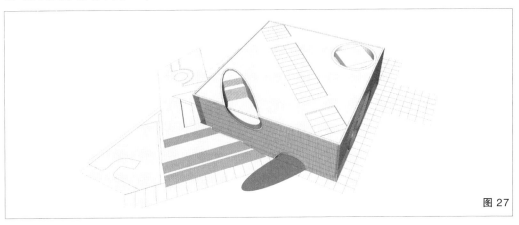

图 27

你学会了吗？

每个建筑师必然有自己擅长和惯用的设计手法，每个建筑项目也不可能
是同等大小，但限制我们创意和进步的永远不会是手法或者建筑体量。
只有我们自己才能阻碍自己，也就是说，思维方式才是限制创意迸发的
枷锁。

就像安藤忠雄，或许习惯了设计小建筑的他在大建筑面前还有些许的不
适应，但敢于尝试和变化才是真正的"连战连败"（出自《安藤忠雄连
战连败》）的安藤忠雄。

不能开窗，怎么采光

韩国拟态博物馆——阿尔瓦罗·西扎

位置：韩国·坡州

标签：采光，切割

分类：博物馆

面积：6000m²

图片来源：

图 1 来源于网络，图 2 ～图 7、图 12、图 13、图 14、图 17 来源于 http://archgo.com，

其余分析图为非标准建筑工作室自绘。

据说，"铲屎官"这个职业历史悠久，有很多杰出代表，古有陆游、黄庭坚，近有徐悲鸿、季羡林、村上春树、三岛由纪夫等。就因为有这些人存在，直接导致"入职"门槛高了很多，"吸猫"都成了才艺比拼。

会写诗的就给猫写诗，比如，陆游不但写过十二首《咏猫诗》，还曾为一只捕鼠能力强的猫写过一首《鼠屡败吾书偶得狸奴捕杀无虚日群鼠几空为赋诗》，无须引用具体诗句，光看这题目就可以想象大诗人当时喜悦激动的心情。

会画画的就给猫作画，比如，徐悲鸿除了画马，还很喜欢画猫。再比如，齐白石的一幅《油灯猫鼠图》曾拍出 448 万元的高价。

那么，建筑师"吸猫"能干什么呢？难不成建栋房子？恭喜你答对了！

下面就为大家介绍建筑界杰出的"铲屎官"代表——阿尔瓦罗·西扎先生。

准备了一辈子的博物馆

韩国拟态博物馆

西扎是一位资深的"铲屎官",他不只养猫,还画猫,而且一画就画了近十年。但这都不是主要的,主要的是西扎一直有个梦想,就是将"喵星人"优雅美丽的身姿转变成一座同样优雅美丽的建筑。经过不懈的努力,西扎终于实现了这个想法,走向了"铲屎官"的人生巅峰。

图1、图2是不是有种莫名的相似感?注意!这不是搞笑,也不是连连看,这个建筑就是从猫的形态演变过来的(图3)。这是位于韩国的拟态博物馆,是很严肃地为了纪念一只猫而建的(很遗憾没有找到这只猫的相关资料,但估计也不是一般的猫)。对西扎来说,主题是猫就足够了,他在接到项目的时候顺手就在草图纸上勾勒出一只猫的形态,当时他的设计团队都惊呆了——这是什么?猫怎么变成建筑啊?

但当时已经74岁的西扎是认真的。他说他的灵感来自一只猫的故事:古代的一位皇帝很喜欢猫,让最出名的画家给他画猫,画家开出惊人天价

图 1

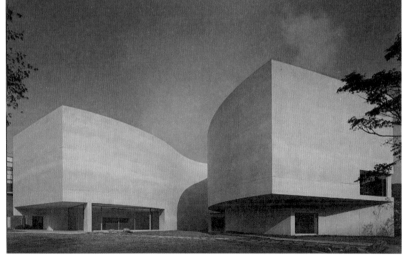

图 2

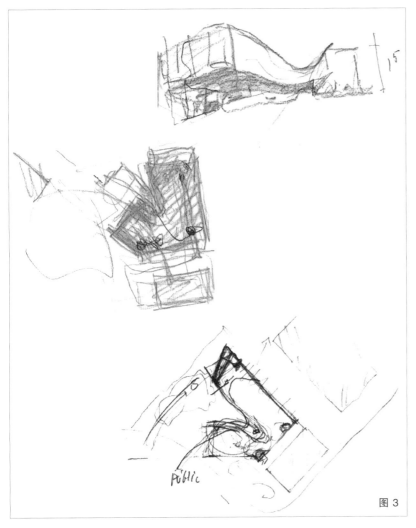

图 3

图 4

却 7 年都没有画好。终于，皇帝没耐心了，质问画家："7 年了，怎么我连猫的影子都没见着？"于是画家马上铺纸磨墨，开始画了起来，寥寥几笔，一只惟妙惟肖的猫就呈现在皇帝眼前。皇帝很生气，问画家："2 秒钟就能画完，你却让我等了 7 年？"画家镇定地说："为了这 2 秒钟，我练习了 7 年。"当然，西扎没让甲方等他 7 年，因为他已经为这一刻练习了几乎一辈子。

不能开窗，但要采光

西扎的设计团队认为西扎很疯狂。你说你要拿猫的形态做个博物馆也就算了，还不让开窗，这是怎么回事？对西扎来说，这么做的理由简直不能更充分了：整座建筑就是一只慵懒的猫咪，怎么能在它身上开洞呢？

事实证明，设计团队还是拧不过"犟老头儿"，整个博物馆的窗户少得可怜。从外面看，建筑如图 4 所示。除了首层有局部落地窗之外，二层和三层几乎全是实墙。难道为了像只猫，里面就得全是黑洞洞的房间？

图 5

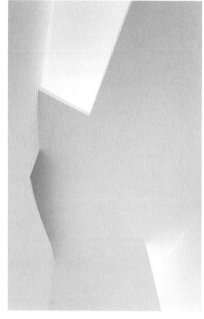

图 6

图 7

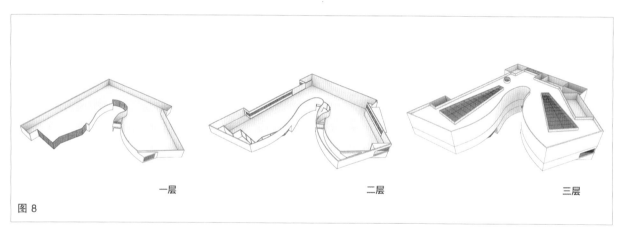

一层　　　　　　　　二层　　　　　　　　三层

图 8

但其实室内是图 5 ~ 图 7 这样的，而且，室内都是自然采光！你可能想问西扎，这些光都是从哪儿来的？还是我来告诉你吧。

首先，我们看看窗户的位置在哪儿。

从图 8 中可以看到，除了首层有局部落地窗之外，二层只有零星的一些小窗，而三层外围则全是实墙。

我们由此可以判断，自然光应该全部来自屋顶的天窗。那么，西扎是

如何利用仅有的几处窗户来实现室内满是光线的效果的呢？

通过深入拆解建筑我们发现，西扎有独特的处理光线的技巧。

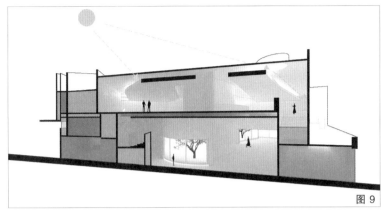

图 9

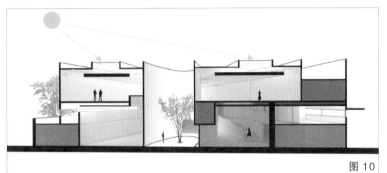

图 10

技巧一：天窗的正确利用方式

通过剖面图（图 9、图 10）我们可以清楚地看到，三层的光线来自屋顶的条形天窗。在屋顶开天窗是很常规的做法，然而西扎的独特之处是在天窗之下加了一块连续的吊顶板，使所有光线都通过多次反射进入室内（图 11）。

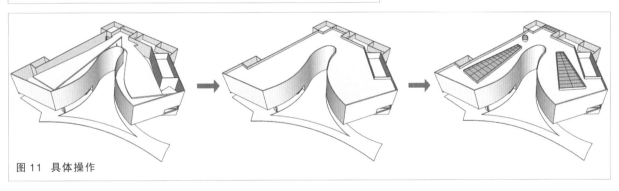

图 11　具体操作

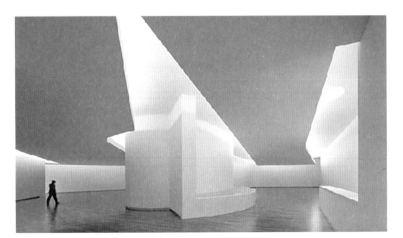

图 12

这样做的好处是什么呢？除了满足展览空间要避免直射光的需求之外，连续的吊顶板使室内空间更富动感。整个空间全部由白墙和光线组成，纯粹而透亮（图 12）。

技巧二：墙面的切割

除了在天窗下加吊顶板之外，博物馆室内还有一个独特的地方，就是很多墙角都有一个切口，并有光线从里面射进来。那么这些光线是从哪儿来的呢（图13、图14）？

从剖面图上可以看到，光线来自侧面墙的窗户。虽然窗户很少，但西扎对从这些窗户射进的光进行了充分利用（图15、图16）。

对楼梯侧边墙的切割，同样充分利用了自然光线，并且下楼梯的人可以看到远处的窗户（图17、图18）。墙面的切割有很多处，每一处切割都不只是为了丰富空间，更是为了充分利用自然光线。

西扎曾说过："在建筑中，浪费是一件让我十分沮丧的事情，即使是在使用光方面。"所以，为了不浪费光线，他将从仅有的几处窗户射进的自然光线运用到了极致。这也正是这个建筑窗户很少，内部却明亮通透的奥秘所在。

图13

图14

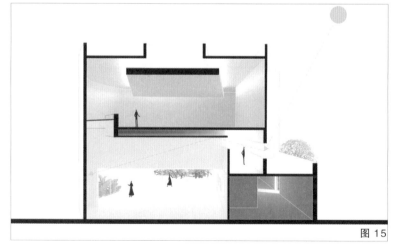

图15

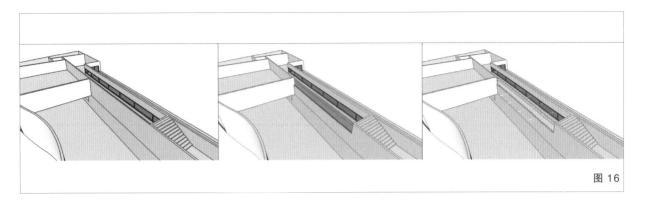

图 16

用光雕刻的"猫"

通过拆解，我们明白了光是怎样在这座建筑中穿梭的，但这只是个开始。设计师对每一处光线的运用、操作看似简单，却无不经过深思熟虑和一遍遍的推敲。要想真正学会阿尔瓦罗·西扎的设计技巧，除了深入研究其建筑结构或者看我们的拆解之外，对建筑饱含热情也是必不可少的。毕竟西扎七十多岁了，还依然奋斗在设计一线。

对于如何做具象建筑，西扎为我们做出了典范。他做了一个猫形的建筑，但神似而形不似，没有为了贴合猫的意向而折损建筑的品质，建筑还是以它该有的样子屹立在大地上，同时不忘提醒着人们，曾有一只"喵星人"来过这个世界。"喵星人"见了也会欣慰的。

图 17

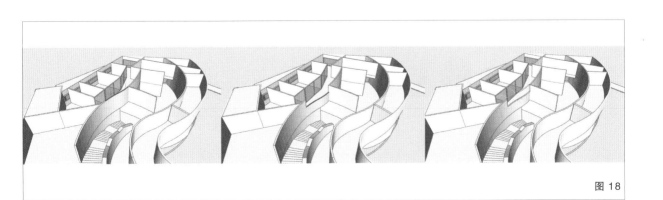

图 18

都说 BIG 建筑事务所的项目
通俗易懂，那你怎么还没学会

挪威雕塑公园博物馆——BIG 建筑事务所

位置：挪威·耶夫纳克尔
标签：体块，扭转
分类：博物馆
面积：1000m²

荷兰 ArtA 文化中心——BIG 建筑事务所

位置：荷兰·阿纳姆
标签：体块，扭转
分类：文化中心
面积：8000m²

图片来源：

图 1 ~图 8 来源于 https://big.dk/#projects-w57，图 10、图 11、图 14 ~图 17 来源
于 *EL croquis* 第 129 期（Herzog & de Meuron, 2002—2006），图 18、图 20 ~图 25
来源于 https://www.gooood.cn/arta-by-big.htm，图 26 来源于网络，
其余分析图为非标准建筑工作室自绘。

原本一个平平无奇的画图"小工"，为何在一夜之间全球爆红？口吐狂言、简单粗暴的他为何能被"大佬"青睐，频频中标？

BIG 的项目确实很简单，这个简单不仅指建筑造型，还指 BIG 做设计的方方面面。

首先是想法。对于 BIG 来说，最多一个想法，比如朝向、视野、人流（图 1 ~ 图 3）。

你可能会问，这些想法解决的不都是基本问题吗？不过，你先别急。BIG 不仅想法很简单，操作手段也很粗暴，什么立体构成、体块推演，统统太麻烦，他们的一般操作是——直接上手。比如，"扭一扭""绕一绕""拽一拽"，小时候玩橡皮泥的手法完全没有浪费（图 4 ~ 图 6）。

但这还不算完，相比于其他建筑师绞尽脑汁地想创新、想突破，BIG 就轻松多了——虽然弄出来这些建筑造型没费什么劲儿，但是也不能浪费，能多用几回就多用几回，如"扭一扭"就不知道被他们用了多少次了（图 7、图 8）。

图 1

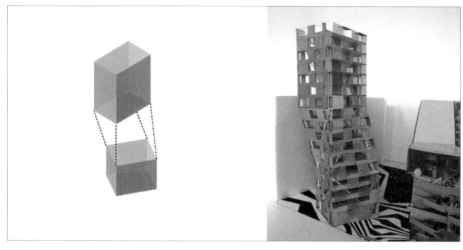

图 2

图 3

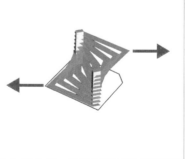

图 4

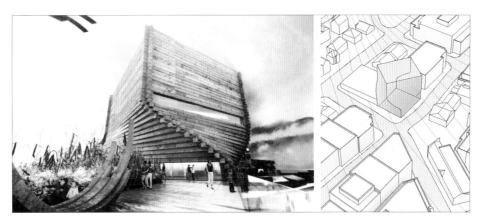

图 5

图 6

图 7

图 8

就是这样一家简单粗暴的公司，却成了建筑界的第一"网红"，难道真的是因为他们"单纯不做作"？带着这样的疑问，我们拆解了下面两个建筑。

第一个是挪威雕塑公园博物馆（图9、图10）。这个建筑的基本思路是将博物馆做成一座桥，从而使公园内的路径形成一个环路。操作手段还是熟悉的"扭一扭"。然后，方案就做完了。一个想法，一个动作，完全符合BIG以往的风格，这也是大多数人眼里的BIG。

但如果你也照样"扭"一个，一定不行。因为这个看似简单的动作其实解决了很多实际问题。

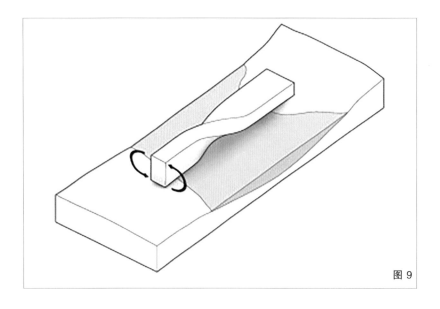

图9

图 10

图 11

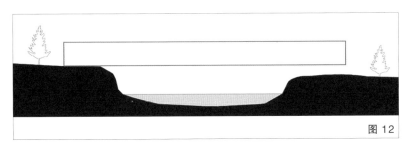

图 12

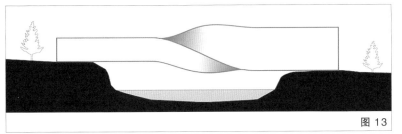

图 13

1. 河岸两侧高差的过渡

想要把博物馆当成一座桥，首先要解决河岸两侧存在的高差（图 11）。通过体块的扭转，可以使建筑从南侧的低洼地带自然过渡到北侧的丘陵地带（图 12、图 13）。

2. 丰富博物馆空间

博物馆空间虽然比较自由，但也需要区分开敞空间和私密空间，以满足不同展品、不同人群的需求。如果是规整体块的话，唯有通过墙面的围合来划分空间。而 BIG 通过扭转体块，使建筑自然地形成了不同属性的空间（图 14 ~ 图 16）。

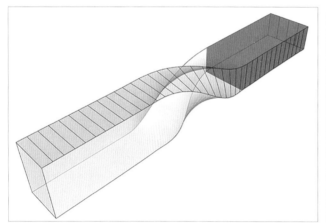

图 14　侧窗采光，用于展览雕塑和大型装置的画廊空间

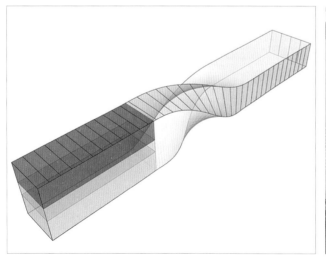

图 15　天窗采光，用于媒体室、雕塑展厅

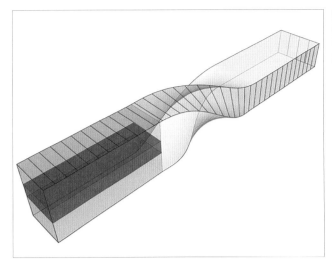

图 16　私密的创作空间

3. 通过楼梯处理不规则空间

这个建筑最难处理的地方就是扭转形体后产生的不规则空间。BIG 通过一个扇形楼梯，改变弧形墙面形成的不规则空间，并将水平和垂直的流线合二为一。扇形楼梯同时可以作为座椅使用，使该处成为一个公共交流的场所（图 17）。所以，看似简单的一个动作，其实考虑到了建筑的各个方面。

拆解完这个建筑，问题就出现了。

请问，BIG 将同一种手法运用到不同的建筑上是不是偷懒呢？难不成不同建筑遇到的问题是一样的吗？

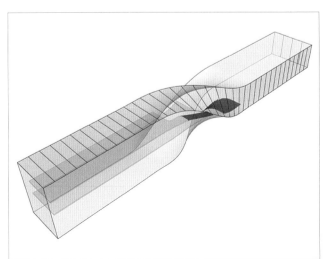

图 17

接下来就让我们拆解第二个建筑——荷兰 ArtA 文化中心，一个包含了电影院和艺术博物馆的综合体（图 18）。

光看造型，这个项目好像跟上一个博物馆差不多，都是一个"扭"了一圈的长方体。但这两个建筑的功能不同，体量不同，所处的环境也不同，因此需要解决的问题也是不同的。

那这种扭转的手法又是如何解决荷兰 ArtA 文化中心遇到的问题的呢？

图 18

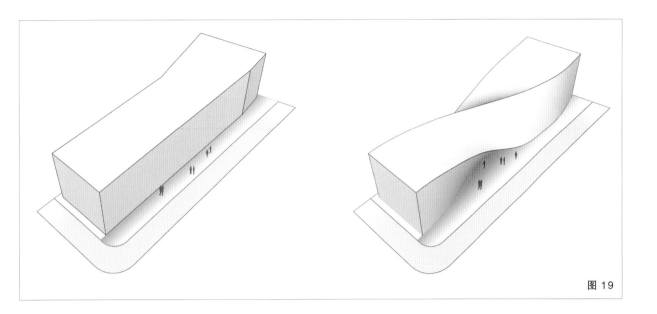

图 19

图 20

1. 沿街的灰空间

荷兰 ArtA 文化中心紧邻一条市区街道，扭转的形体自然地形成了一个斜向的灰空间，从而使建筑与环境形成良好的呼应（图 19、图 20）。

2. 截然相反的两种功能

荷兰 ArtA 文化中心包含一个电影院和一个艺术博物馆。博物馆需要的是灵活的开敞空间用于展示，而电影院则需要一个封闭的空间。扭转后的建筑通过一面连续的玻璃窗，使开敞与封闭空间自然过渡，同时满足了两种功能的需求（图 21、图 22）。

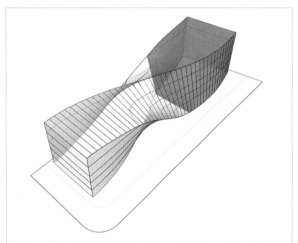

图 21　侧窗采光，开敞的展示空间

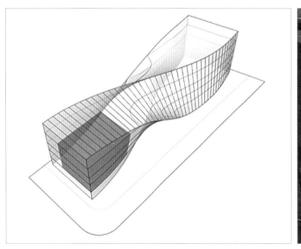

图 22　封闭的电影院

3. 通过中庭处理不规则空间

与挪威雕塑公园博物馆相比，荷兰 ArtA 文化中心的体量更大，共有五层。而扭转体块后形成的不规则空间如果也用扇形楼梯来处理的话，楼梯所占面积势必过大，因此 BIG 通过逐层后退的中庭来处理扭转后的空间（图 23 ~ 图 25）。

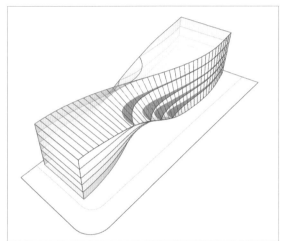

图 23

图 24

图 25

虽然 BIG 的建筑看起来很简单，往往一个想法、一个动作就完成了整个方案，但其实为了最直接地实现最初的想法，往往要大量地推敲模型才能筛选出一个最简洁、最合理的方案，也才有了我们看到的貌似同样的形体却能解决不同问题的结果（图 26～图 29）。

建筑师这个职业最大的魅力大概就在于你永远都不可能遇到同样的任务，解决同样的问题，这也正是作为艺术品的建筑所具有的唯一性与不可复制性。

因此，大部分人认为用不同的建筑造型解决不同的任务问题是顺理成章的，而 BIG 却能用同一个建筑造型去解决不同的任务问题。我们只看到 BIG 的简单粗暴，觉得他们方案通俗易懂，却没看到这背后要解决的问题是何等的错综复杂。

所以，BIG 红遍全球的原因不是因为他们的方案通俗易懂，而是他们用通俗易懂的方式解决了一个又一个千头万绪、千奇百怪的问题。而解决问题正是 BIG 作为建筑师的底线，也应该是所有建筑师的底线。

事实上，又有谁会不喜欢一个能化繁为简，为自己解决问题的人呢？

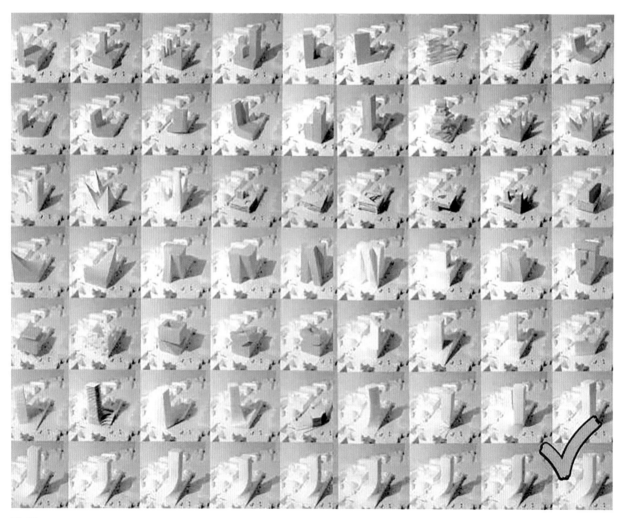

图 26

环境问题

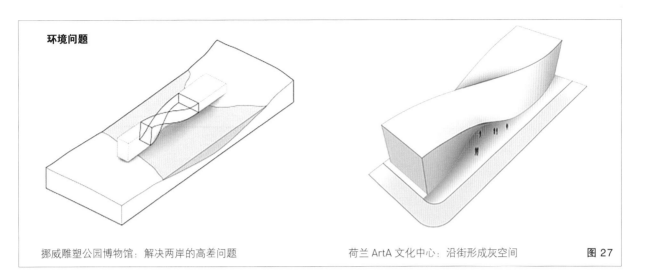

挪威雕塑公园博物馆：解决两岸的高差问题　　　　　荷兰 ArtA 文化中心：沿街形成灰空间　　　　**图 27**

功能问题

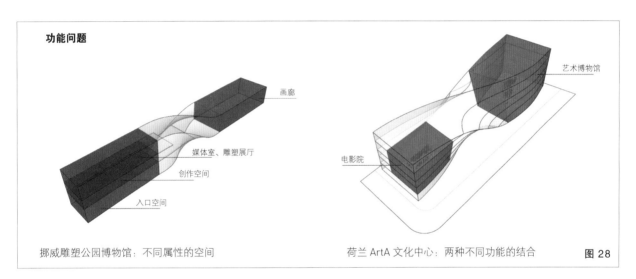

挪威雕塑公园博物馆：不同属性的空间　　　　　荷兰 ArtA 文化中心：两种不同功能的结合　　　**图 28**

扭转空间的处理

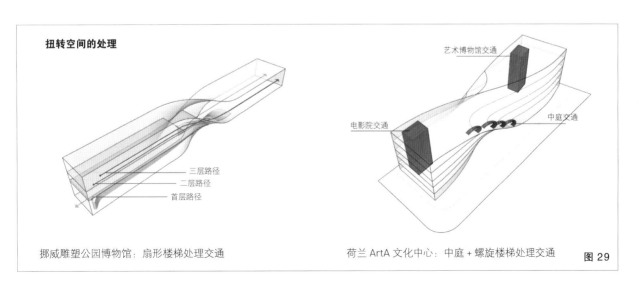

挪威雕塑公园博物馆：扇形楼梯处理交通　　　　荷兰 ArtA 文化中心：中庭 + 螺旋楼梯处理交通　**图 29**

具象符号如何变成抽象建筑

加拿大国家大屠杀纪念碑馆——丹尼尔·里伯斯金

位置：加拿大·渥太华

标签：六边形，解构

分类：纪念馆

面积：3197m²

图片来源：

图 1 ~图 5、图 20 来源于 https://www.gooood.cn，其余分析图为非标准建筑工作室自绘。

图 1

图 2

图 3

传说建筑江湖中有一位白面书生，他所到之处，建筑便支离破碎，无一幸免。更令人奇怪的是，在这些支离破碎的"残迹"里，却发现不了任何招式的章法——它们就仿佛被天外来物袭击了一般。这可急坏了一众江湖儿女，连招式都分析不出来还怎么去学习方案呢（图1～图3）？

据唯一有幸见过白面书生真容的江湖百晓生讲：

> "他常常利用尖锐、棱角分明的金属碎片、倾斜的地板和不成直角的墙角，斜线三角频频交织，尖刀般的锐利背后却是一颗深沉柔软的心，和一个个关于生活与人的深刻、鲜活的故事。对艺术的天生感悟，令里伯斯金的创作不仅是建筑，更是艺术。"

> "他的很多建筑的空间设计并不以反映功能需求为主，而是将空间本身视为犹太人的历史故事来诠释。因此，里伯斯金所创造的空间也许并不能满足实际的使用需求，甚至连防火问题都没能解决好，但这并不影响博物馆本身的艺术价值与精神价值。"

江湖百晓生，卒。不得已，此时只能请出那支神秘的部队了——非标准拆房部队！听明来意，只见"拆房部队"微微一笑说，"斜杠青年"而已。什么意思？因为他的建筑就是能斜着绝对不正着，能歪着绝对不直着。当然，另一种说法是从传统的横平竖直中脱离出来，打破均质空间，重构几何关系，从而增加空间的层次。

那怎么才能学会这位白面书生的招
式呢？说白了就是两招：第一招，
"自甘堕落"；第二招，"重新做人"。
这听起来还是一个励志故事呢。

下面我们就通过里伯斯金最近的作
品——加拿大国家大屠杀纪念碑馆
来"见招拆招"（图4）。

图4

图 5

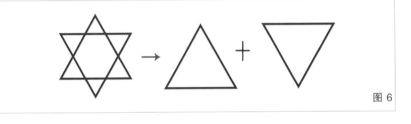

图 6

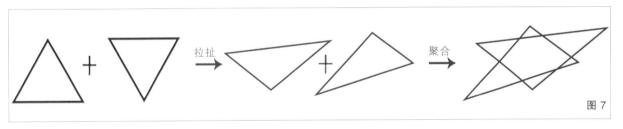

图 7

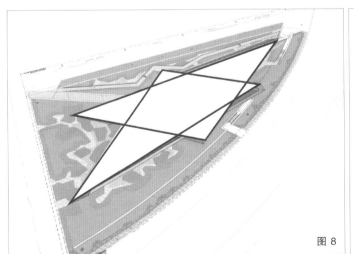

图 8

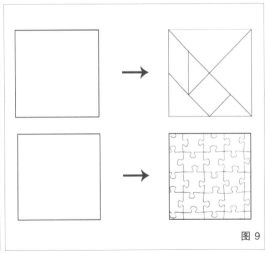

图 9

第一招："自甘堕落"

所谓自甘堕落就是不管你原来多优秀，在这里都要先被"秒成渣渣"。比如，这个方案的平面图，一眼看上去会觉得，哇，好厉害，是大卫之星。如果你这么认为，那你就已经掉进了里伯斯金的陷阱里了。事实上，在里伯斯金眼的里，什么星不星、形不形的都不重要，都分解成"小渣渣"就好了（图 5 ~ 图 8）。

至此，一个大图形就"堕落"成了"渣渣"集合。这并没有什么好可惜的，这种事儿我们平时也常干，只是没有意识到而已，比如，我们从小玩到大的七巧板和拼图游戏（图 9）。

"堕落"成"渣渣"之后，就要走上"重新做人"的励志之路了。首先，这些"渣渣"要变成墙——将每一段结构线都拉伸成一面单独的墙。白面书生"刺痛柔软内心的精神空间塑造"自此就转化成了对每一面墙的形态设计。为了让大家清楚地了解每一面墙"健康成长"的过程，我们给它们都取了个"好听"的名字——编号（1）、编号（2）、编号（3）……在这个案例中，一共有18面墙（图10、图11）。

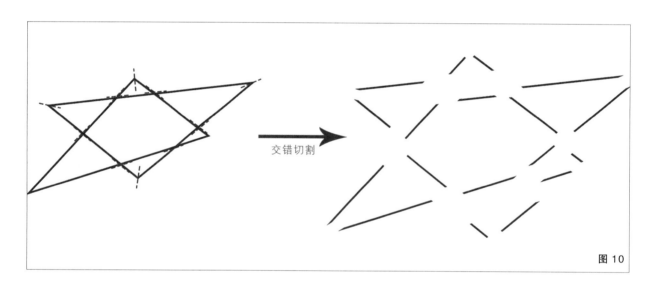

图 10

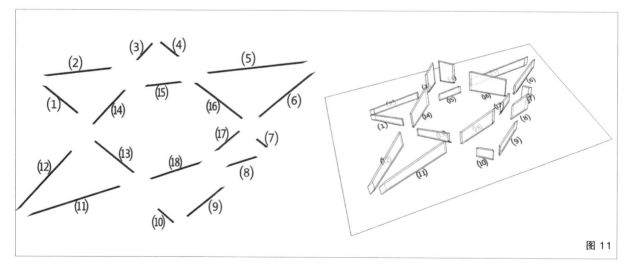

图 11

第二招："重新做人"

想要重新做人，当然是要按照"斜杠"标准来重新做了。而"斜杠"标准就是我们前面说到的能斜着绝对不正着，能歪着绝对不直着。具体操作就是旋转、切割、扭曲等（图12、图13）。

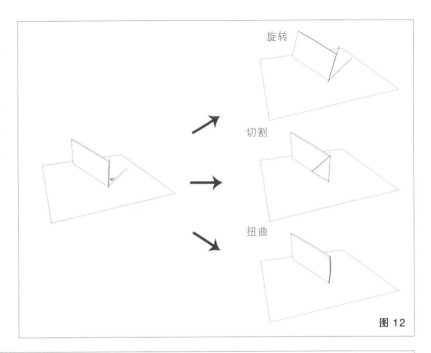

图 12

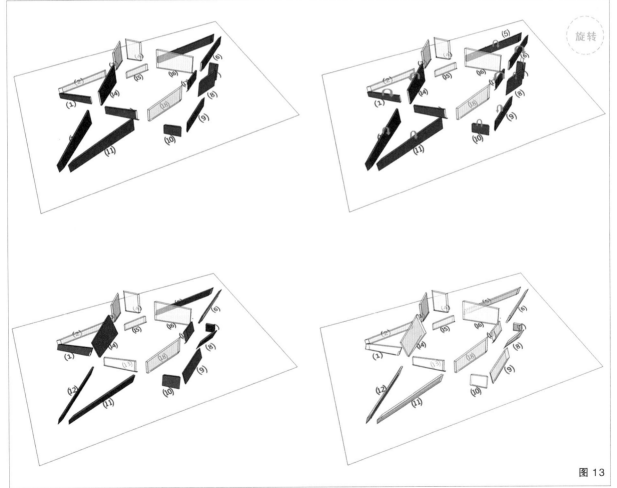

图 13

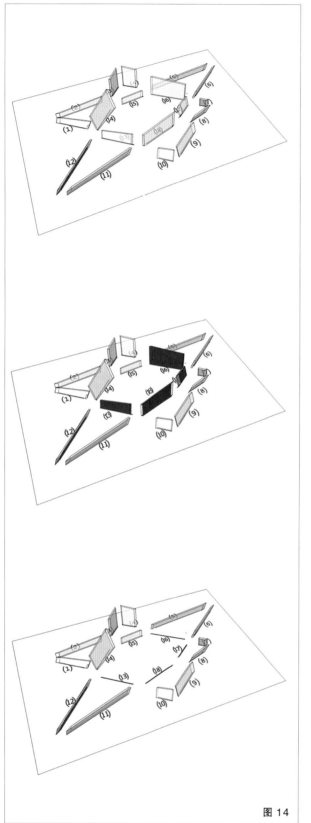

图 14

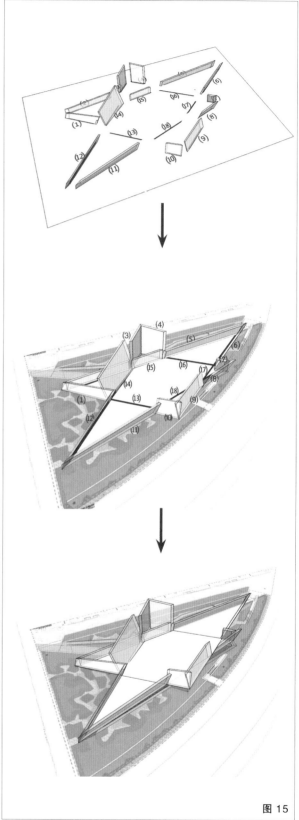

图 15

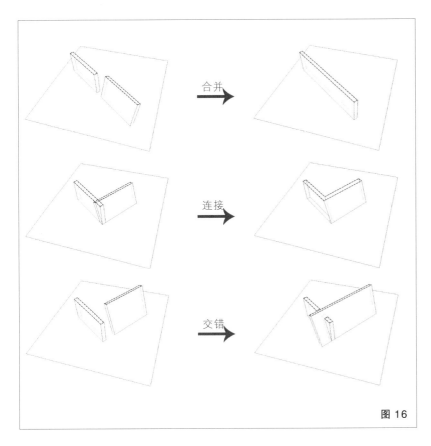

合并

连接

交错

图 16

这样"小渣渣"们就基本完成了"装备升级"的过程，接下来就要让它们"重新做人"了——将生成后的墙放回对应的位置。在这个过程中，会根据功能将没用的墙去掉，确定出基本建筑形态以及平面初步布局。如果你没有用，就会被淘汰，作为墙也不例外（图14、图15）。

之后，回归江湖的"新渣渣"们将进入最后一关的考验——适应这个江湖的规则。磨合之后的"渣渣"们就会脱胎换骨，成为"白面书生"行走江湖的利器了（图16～图18）。

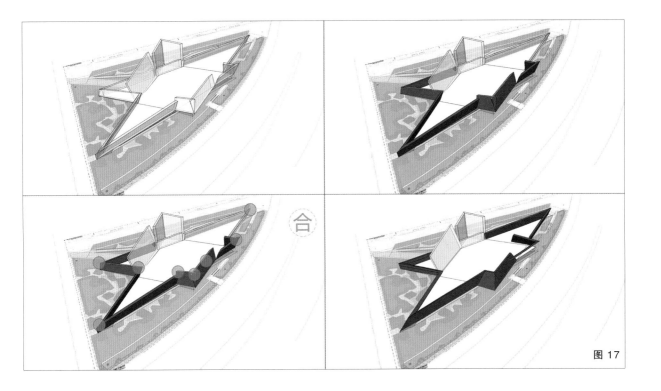

图 17

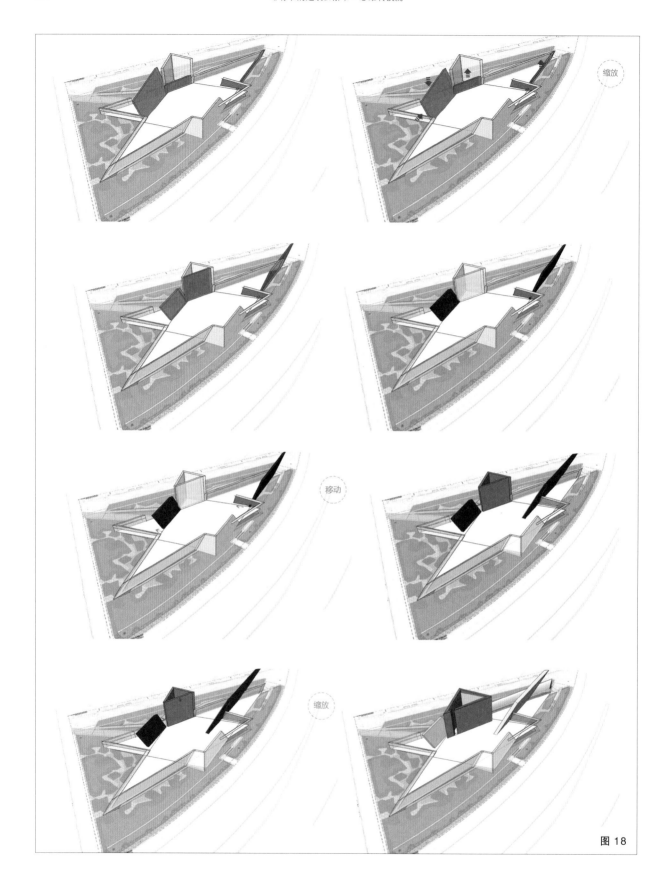

缩放

移动

缩放

图 18

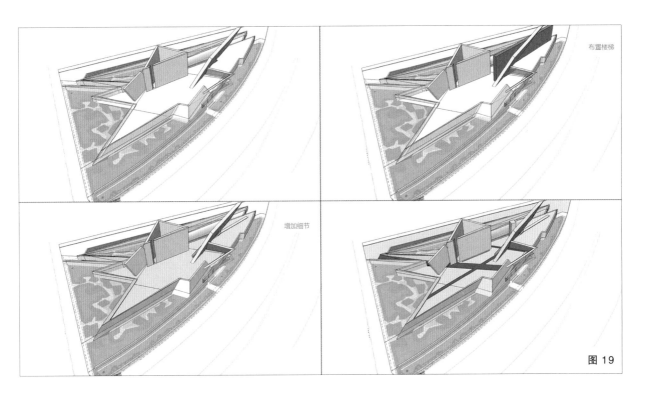

图 19

图 20

最后，不要忘记布置交通（图 19、图 20）。

至此，让整个江湖闻风丧胆的白面书生的大作已经被我们详细拆解，也现出原形了。

丹尼尔·里伯斯金的空间实质在于颠覆了传统认知上对墙的定义。在他眼里，墙不再是独立的建筑构件，而是建筑母体中被不可抗力强行割裂的一部分。墙体的切割、扭转、交错不是个体的行为，而是整体被撕裂后不得已的挣扎——一种战争的感觉。

你可以认为里伯斯金的手法单一，也可以批判所谓的解构主义已经过时，但是能准确地表达出某一种情绪，并能准确地引起特定群体共鸣的人，无论在哪个时代、哪种艺术领域，都会发出光芒，只是里伯斯金碰巧选择了建筑而已。

怎样用普通房间填上参数化"脑洞"的坑

TEK 大厦——BIG 建筑事务所

位置：中国·台北
标签：螺旋，切片
分类：文化建筑
面积：53 000m²

图片来源：
图 1 来源于网络，图 2 ~ 图 4、图 9、图 12 ~ 图 15、图 20 来源于 https://www.archdaily.cn/cn，
其余分析图为非标准建筑工作室自绘。

有人说"脑洞"＝想象力＝灵感。现在的建筑竞赛都像变魔术似的——什么天上飞的、地上跑的、水里游的、草里蹦的，只有你想不到的，没有建筑师做不到的——效果图张张堪比好莱坞大片（图1）。

某建筑竞赛效果图　　电影《异星战场》场景图

图1

再加上"脑洞界"排名第一的建筑公司 BIG 坚持不懈地"煽风点火"，今天做个"棒棒糖"，明天"吐"个"烟圈"，更让建筑设计界的广大"小草根"们坚定不移地在大开"脑洞"的路上走到黑（图2、图3）。

图2　　　　　　　　　　　　　　　　　　图3

但要我说，"脑洞"最大的是 BIG，心眼儿最多的也是 BIG。让我们一起看看 BIG 的一个著名的"脑洞"作品——TEK 大厦（图 4）。

图 4

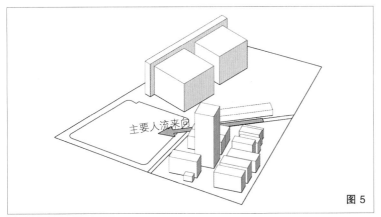

图 5

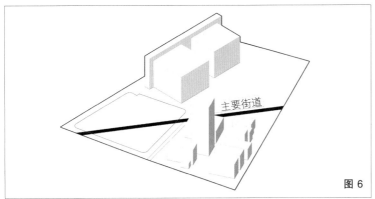

图 6

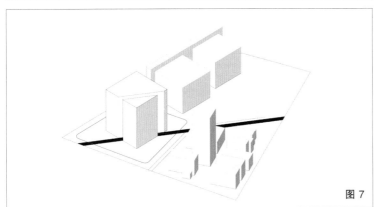

图 7

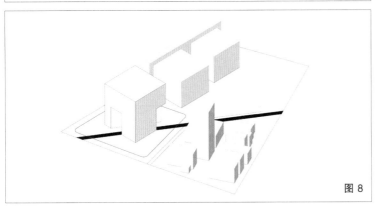

图 8

一、"脑洞"——通向天空的街道

建筑场地处于一条主要街道的尽端，BIG 不希望建筑成为阻断道路的"罪魁祸首"，他们希望街道在场地当中有所延续（图 5、图 6）。

这个想法大多数建筑师都能想到。常规做法就是把街道向场地内部延伸，将建筑切割成两部分，或者做成过街楼底层架空（图 7、图 8）。

但是，这不是 BIG 的套路。BIG 的"脑洞"是将这条街道引向空中，用一个旋转大楼梯打造一条通向天空的街道，街道尽头是天空下的露天剧场（图 9）。

图 9

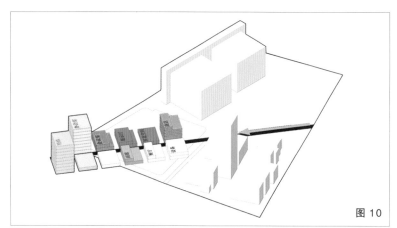

图 10

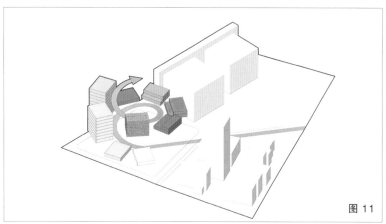

图 11

在 BIG 的设想里，这条"通向天空的街道"简直就是中标全能小天使。这不仅是个能吸引甲方眼球的好听的概念，更能串联起会议室、展厅、酒店客房、餐厅、办公室等功能区，并捎带着给每个功能区都设置了一个独立的入口（各个入口设置在旋转大楼梯的两侧），更厉害的是能把立面、表皮、造型、交通、景观也都顺便一并解决了，让甲方心甘情愿地掏钱买单（图 10、图 11）。

但在一个正常的十四层建筑里硬塞入一个转了好几个弯的三维螺旋腔体，基本相当由于在人的脸上塞入假体进行整容，说是解决问题，可明显制造的问题更大啊！

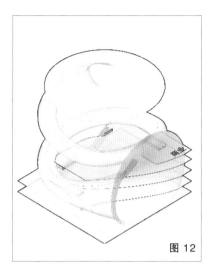

图 12

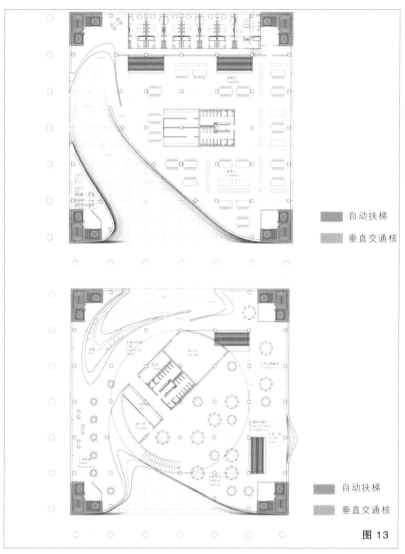

自动扶梯

垂直交通核

图 13

二、治病救自己

这条蜿蜒的"天空街道"看似既串联了功能又解决了交通，但实际上是既打碎了完整的空间布局又不能疏散人流。BIG 开出的药方是：见缝插针、对症下药。具体来说就是整个螺旋街道在建筑中一共转了三个弯，每个弯都与空间有不同的设计关系。

1. 被商业空间包围的第一个弯

第一个弯与喇叭状入口连接，几乎占据了建筑 1 ~ 4 层近 1/3 的空间。面对如此"强势"的第一个弯，BIG 很机智地将商业公共空间置于其中。其中一层和二层是公共大堂与商业店铺，藏在旋转大楼梯的最下方，三层和四层根据螺旋街道转弯的形态设置了圆形的活动中心与报告厅（图 12 ~ 图 14）。

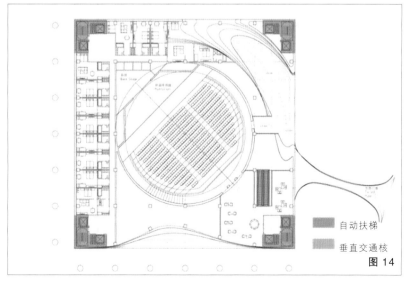

自动扶梯

垂直交通核

图 14

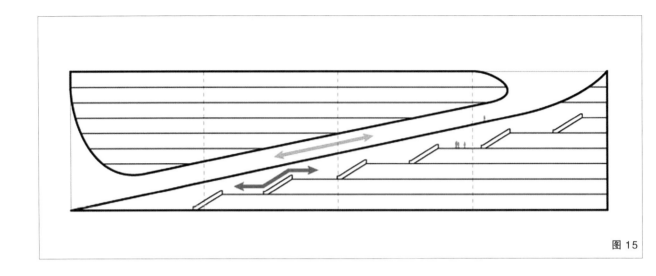

图 15

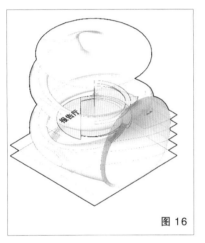

图 16

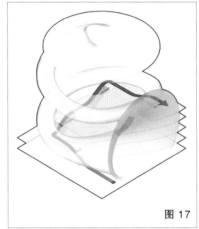

图 17

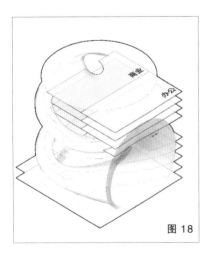

图 18

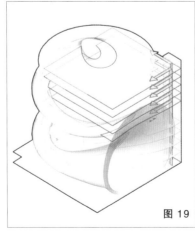

图 19

这个部分的主要交通流线是围绕螺旋街道来组织的，基本不借助四角的交通核，并形成内外两套交通系统——螺旋街道组织各商业店铺的出入口持续向上，内部 1 ~ 4 层由自动扶梯连通（图 15 ~ 图 17 ）。

2. 完美镶嵌办公空间的第二个弯

办公空间主要集中在 6 ~ 8 层，完美镶嵌在螺旋街道第二个转弯处的内部，每层都仅有一小部分与螺旋街道相交，保证了大部分空间的完整。东南角的交通核独立服务于该部分（图 18、图 19 ）。

3. 被酒店空间完美躲避的第三个弯

酒店空间虽然面积最大，占楼层也最多，从 3 层开始至顶层都有布置，但因为客房本身是规格统一的小模块，所以可以在螺旋外侧正交排布，

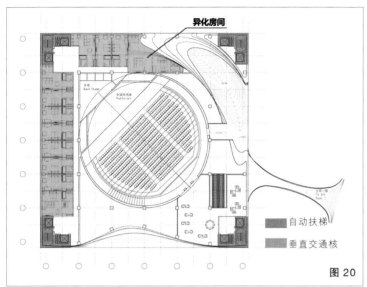

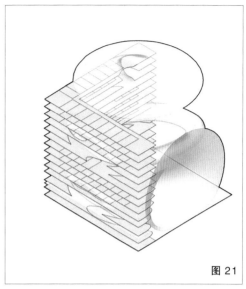

基本不受螺旋街道的影响。而除了东南角的交通核，其他三个交通核都可为酒店疏散客人所用（图20～图22）。

至此我们可以看到，为了配合这个螺旋街道的"脑洞"，BIG 对整个建筑布局做了立体规划，这个建筑也因此成为一个完整的作品，而不仅仅是一个奇怪的造型。这几年，我们一直在讲不要做奇奇怪怪的建筑，主要是因为很多"奇奇怪怪"都只停留在了造型上——穿晚礼服逛菜市场能不奇怪吗？想穿晚礼服就要想方设法进入宴会现场，想大开"脑洞"就得从里到外都用智慧"填坑"。

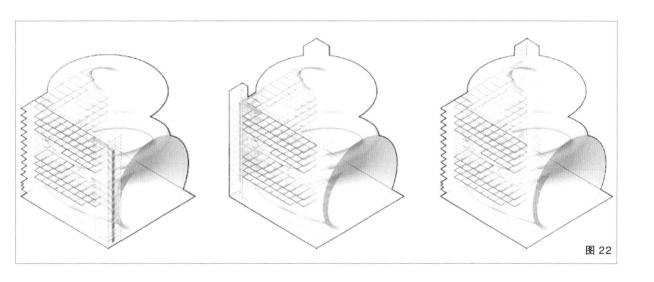

彩蛋

"拆房部队"在此奉上用 rhino 和 grasshopper 软件来拆解这栋建筑的方法。感兴趣的小伙伴可以自己试一下。

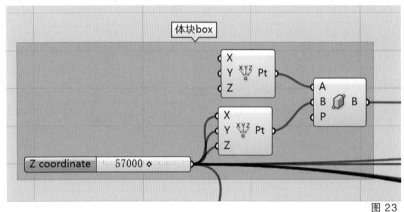

图 23

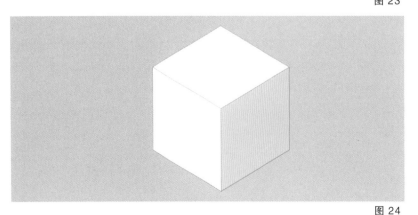

图 24

第一步：撑起体量

整个建筑是一个 57m×57m×57m 的标准立方体。

尺寸的依据：

平面——建筑以 9m 柱跨为基础，长宽各 6 跨，再在建筑的四周留出围护结构的厚度尺寸 1.5m。由此计算出，平面是 57m×57m 的正方形。

高度——建筑共 9 层，其中有 6 层层高为 5.4m，报告厅层高为 14m，报告厅下方的公共空间层高为 3.6m，顶层层高为 7m。因此，建筑高度同样为 57m（图 23、图 24）。

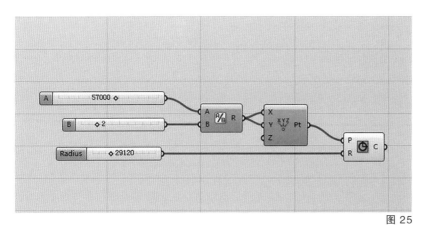

图 25

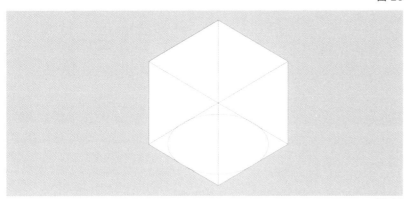

图 26

第二步：建立螺旋立体隧道

1. 以立方体底面中心为圆心，建一个半径为 29.12m 的圆（图 25、图 26）。

2. 将圆圈变成圆柱体，高度为 57m。将圆柱体的面作为螺旋曲线的参考面（图 27、图 28）。

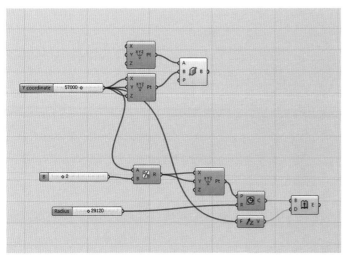

图 27

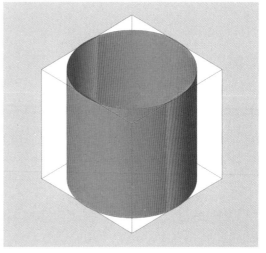

图 28

3. 从圆柱面上拾取点，作为螺旋线的控制点，电池连接图如图29所示。

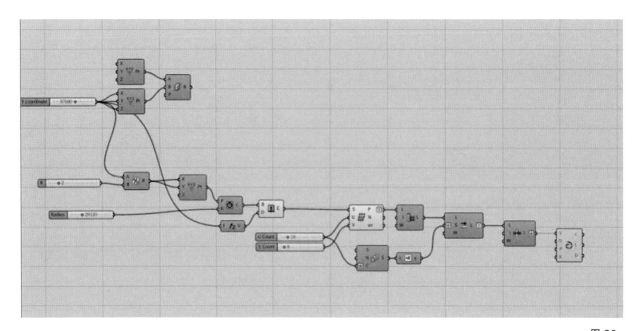

图 29

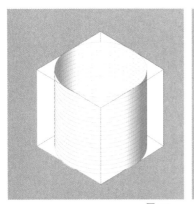

图 30

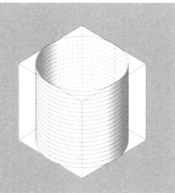

图 31

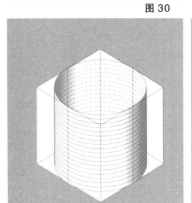

图 32

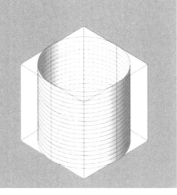

图 33

具体步骤：

（1）在 UV 曲面中，U 方向的控制线为 18 根，即将圆柱体的高度 18 等分（图 30）。

（2）V 方向的控制线为 8 根，即将圆柱体的曲面 8 等分。这样在圆柱面上就得到了两个方向形成的诸多交点（图 31）。

（3）标出 UV 控制线的交点（图 32）。

（4）以交点为控制点，画出螺旋线（图 33）。

该螺旋线是隧道的中心控制线，为建立隧道筒做准备。螺旋线的圈数为 2¼ 圈，这样的设置是为了得到适合人行走的坡度，以便人们在螺旋公共空间中行动。

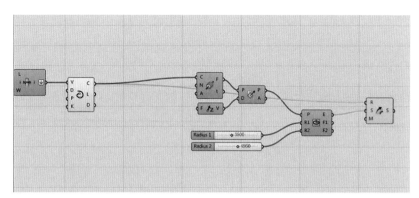

图 34

4. 以得到的螺旋线为轨道，以椭圆（长轴 4m，短轴 3m）为扫掠面，单轨扫掠为螺旋面，其中 3m 是螺旋隧道的最小高度，4m 是螺旋隧道的最小宽度。这样，我们便得到了一个等截面的螺旋隧道（图 34、图 35）。

图 35

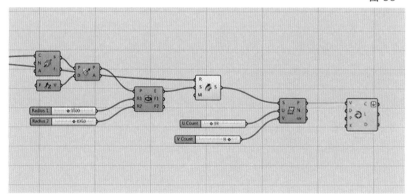

图 36

5. 然而，隧道的各处截面并非相同，需要对隧道的局部截面尺寸进行修改。

操作如下：在椭圆螺旋管上面取截面线，拾取截面线的位置是将圆环 8 等分的位置（图 36、图 37）。

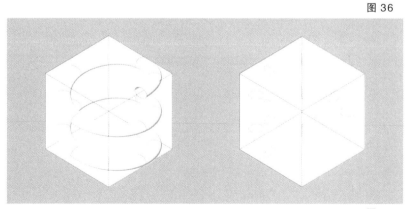

图 37

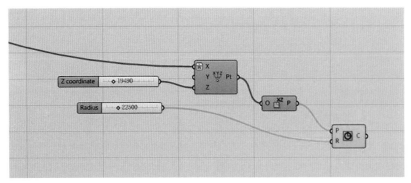

图 38

6. 画出楼顶露天剧场的控制线，屋顶竞技场的半径为 27.57m，建筑边长的一半为 28.5m，设计者将整个屋顶逐步下沉，创造了如同古典建筑中的剧场一般的空间氛围。下沉空间与椭圆通道连接处的半径为 13.9m，如此一来，随着人们从螺旋通道走向屋顶，空间会逐渐开阔（图 38、图 39）。

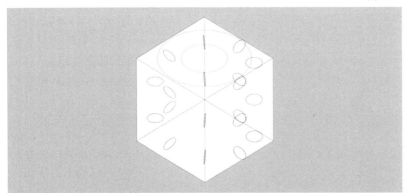

图 39

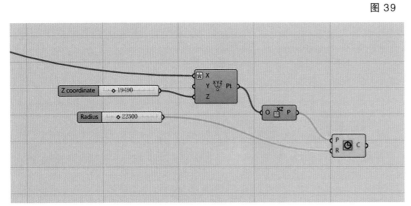

图 40

7. 画出入口的控制线，圆形入口的最大半径为 28m，然后半径逐级向内缩小，巨大的开口极具引导性，如同将人流吸入建筑内的巨大黑洞（图 40、图 41）。

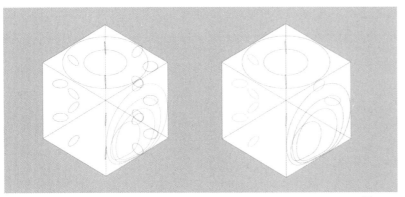

图 41

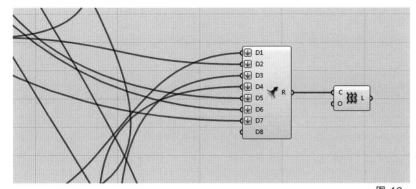

图 42

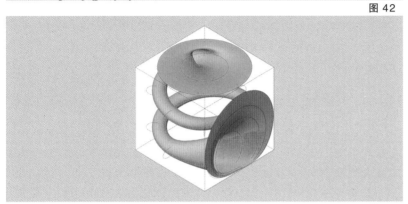

图 43

8. 把画好的线组织到一起，放样得到螺旋曲面，形成两端为巨大喇叭状的隧道。至此，螺旋隧道才成功建成（图 42、图 43）。

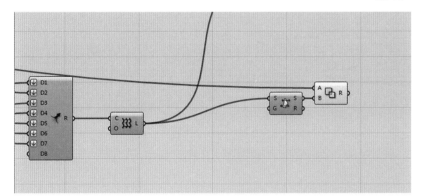

图 44

第三步：将隧道嵌入立方体

将 57m 见方的立方体与刚刚得到的隧道进行布尔运算，这样便得到了带有螺旋隧道的立方体（图 44、图 45）。

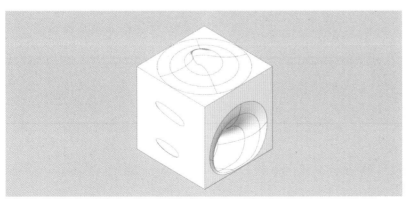

图 45

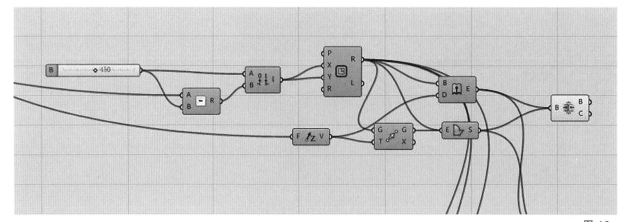

图 46

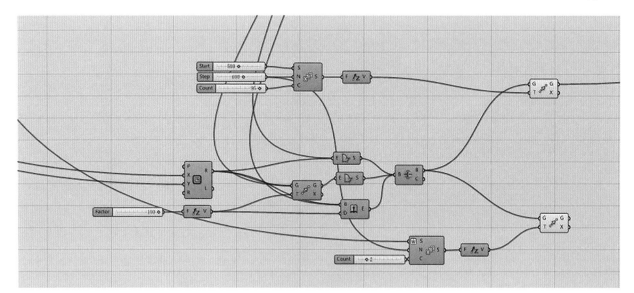

图 47

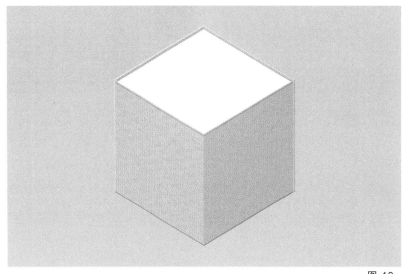

图 48

第四步：为体块添加表皮

1. 建筑的表皮是由 95 个厚度为 100mm 的切片组成的，每个切片的高差为 0.6m。在屋顶部分再向上延伸两片，以形成屋顶女儿墙。因此整个立面切片的总数为 97 片（图 46 ~ 图 48）。

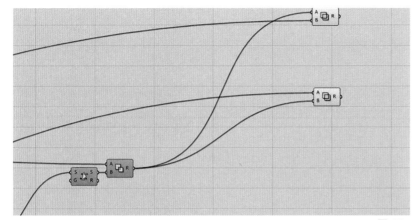

图 49

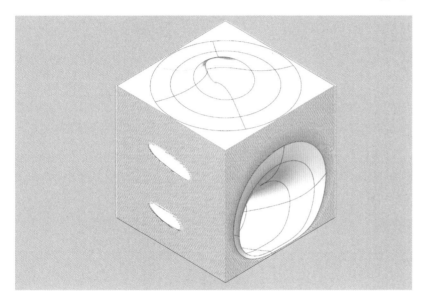

图 50

2. 将外立面的切片与带有隧道的立方体再次进行布尔运算，减去切片与内部螺旋公共空间相交的部分，最终得到整个建筑的模型（图 49、图 50）。

在此声明，以上所有建模过程为本书作者辛苦原创，数据均根据有限的资料猜想所得，已尽量保证数据的合理性。如有不妥之处，欢迎指正。

没有"面积"怎样做出高格调的空间

音乐公司曲线楼——Moon Hoon 事务所

位置：韩国·城南
标签：夹缝空间
分类：办公建筑
面积：435m²

图片来源：
图 1 ~图 6、图 8、图 9、图 13 来源于 https://www.archdaily.com，图 17、图 19、
图 21、图 23、图 26、图 30、图 31 来源于 https://www.gooood.cn，其余分析图为
非标准建筑工作室自绘。

别以为设计空间是建筑师的日常工作，拉个体块、建个形体，然后做室内，那最多叫装修，不能称之为设计空间。真正到了设计空间这个层面，首先，你得会"浪费"；其次，你要舍得"浪费"；最后，你还要"浪费"得漂亮，让甲方产生一种"浪费"得理所应当的感觉。比如，放不了展品的展厅（图1、图2），除了好看没有一点儿用的中庭（图3、图4），可以当红毯走的楼梯（图5、图6）……

图 1

图 2

图 3

图 4

图 5

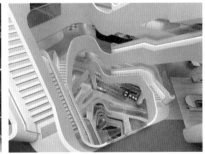

图 6

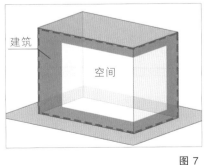

图 7

不过所有建筑"土豪"们"炫富"的前提都是空间必须大！很大！非常大（图7）！

对这些空间富余的"大建筑"来说,要做出一个层次丰富的好空间如同喝水一样轻松。然而,世界这么大,还有很多"不富余"的建筑:基地可能只有巴掌大,任务书却有八张纸,至于投资——能不烂尾就烧高香了。面对这样的情况,想设计空间是不可能了。

但是请看韩国 Moon Hoon 事务所设计的音乐公司曲线楼(图8),它坐落于韩国城南市柏岘洞的一个街角,周围都是极其普通的多层建筑,如果不出意外,它也将成为这些普通建筑中的一座,然而它的建筑师想"炫富"(图9)!

图8

图 9

1. 现实——小基地、零空间的设计

基地条件决定了建筑形体面对街角的一侧需要被设计成曲线形，这是街角建筑的惯常做法，能让两旁的街道成为一体（图10）。

然后划分建筑功能。从下到上，整体主要被分为公共排练区、起居会客区、生活区、屋顶平台四部分。当我们按照要求将每一部分的功能放置好后就会发现，建筑里都是实在的功能房间，根本没有什么可塑造的空间让你"浪费"（图11）。

没有空间还怎么设计空间？

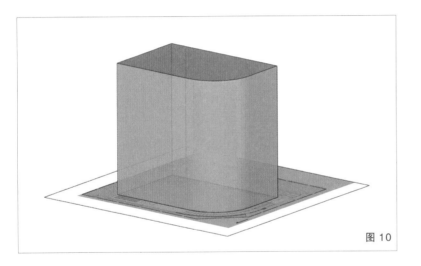

图 10

图 11

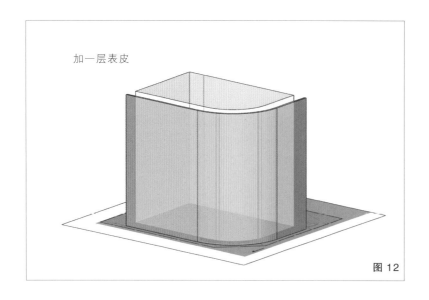

加一层表皮

图 12

图 13

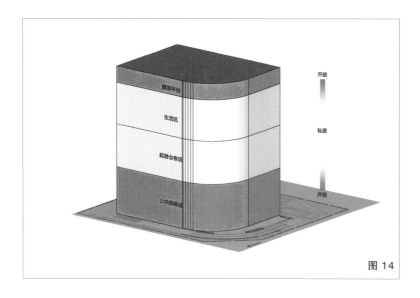

图 14

2. 转机——凭空造一个空间

在这个方案中，什么都紧张：用地紧张、面积紧张、资金紧张，就一样不紧张——立面不紧张。别的方案只有一个沿街立面，而这个方案有两个！可是有两个立面也不足以"炫富"，还得再加一层，这样就将立面问题转化成了空间问题（图 12）。

接下来惯常的做法是分别做两个立面，让外表皮看着很炫酷，但这样依然是在用平面思维做方案。既然要做空间设计，就要把它们当作一个整体来思考（图 13）。

首先，我们来看看这个空间能不能从一个单纯的空间变成建筑需要的一部分。从上一步中可以发现，建筑从上到下的空间性质依次为开放—私密—开放。按照正常的设计思路，应该设计两部楼梯将两种属性的空间分割开，但局促的基地条件使这个方法十分"鸡肋"，因此采用直通屋顶的室外楼梯串联各个部分是最优解。不加遮挡的楼梯在美观程度和安全性上都不是很高，所以刚好可以再加一层表皮包裹住楼梯（图 14 ～图 16）。

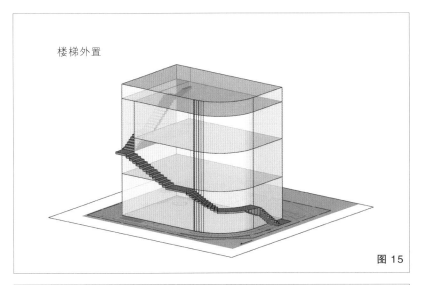

楼梯外置

图 15

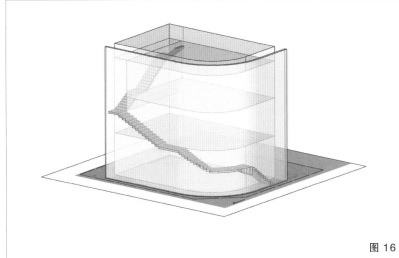

图 16

这样一来,这个夹缝空间就变成了一个串联各个空间的重要空间。一般的空间设计思路是视线引导行为,也就是说不管你的脚动不动,眼睛是一定会看到最丰富的空间变化的。但在这个方案里,唯一的一条路是在一个狭窄的缝儿里,所以这个空间的设计点就变成了行为改变视线,也就是园林设计里说的"步移景异"的效果。

那么问题就从如何做表皮变成了如何塑造"步移景异"的空间。

3. 通过控制空间构成元素,丰富表皮内部空间层次

影响内部视线的因素主要是内外两层表皮及其连接结构。此时设计点就变成了如何在内外两个立面做不同的设计,打破它们的统一性,让观者在游览过程中观看到两边不同的景色,以此丰富空间层次(图 17)。

完全封闭

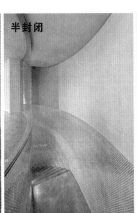
半封闭

同时开放

图 17

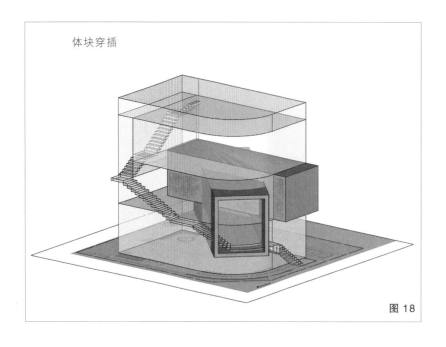

体块穿插

图 18

图 19

（1）内立面的设计——结合建筑形体设计

首先，通过设计建筑主体来产生凸凹变化，让原本扁平的内立面空间化。在正对街角的位置插入一个矩形体块作为嵌入曲面的舞台。这样形成的建筑造型对应了"所有'炫富'空间必能构成一个与众不同的建筑"的"规则"（图18、图19）。

立面上的凹凸变形

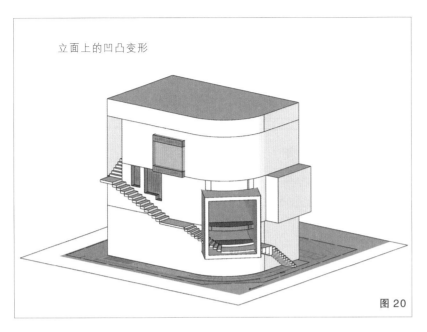

图 20

其次，在内侧加入飘窗或者休闲座椅让扁平的立面空间化（图 20、图 21）。

图 21

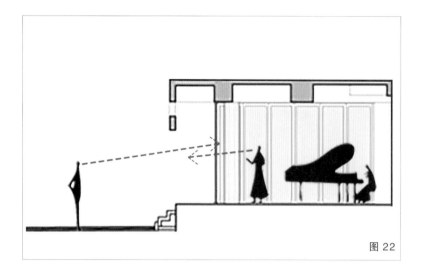

图 22

（2）外表皮的设计——结合视线设计

由于建筑下半部的空间开放性最高，因此将下半部的外表皮完全裁切，让室内外视线能完全贯通（图 22～图 24）。

图 23

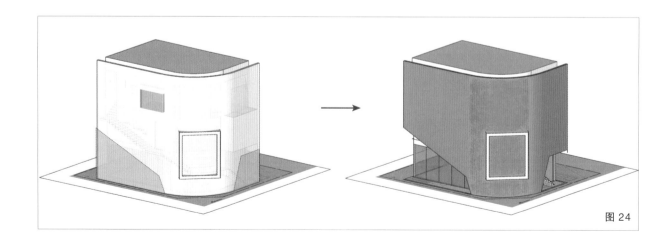

图 24

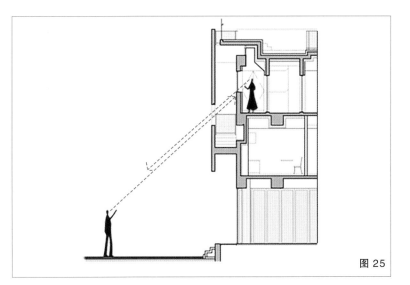

图 25

建筑的二层和三层较为私密，因此内外视线交流不能像首层一样直接，要保证从内向外的视野大于从外向内的。因此，上层的外表皮洞口裁剪得较细长，而且低于内立面的窗户，保证"上而不达"的视线效果（图 25 ~ 图 27）。

图 26

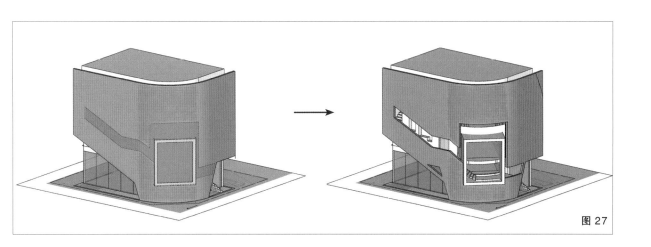

图 27

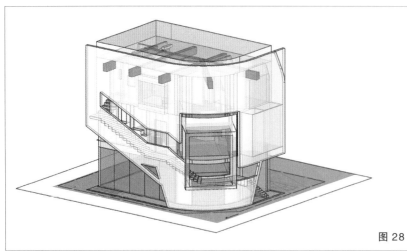

图 28

（3）连接结构——改变空间顶部视觉效果

连接两个表皮的结构也同样是丰富空间的一个要素。由于这个空间的整体较为狭长，顶层的结构连接体可以降低局部空间的高宽比，形成带有节奏变化的空间效果（图 28 ~ 图 31）。

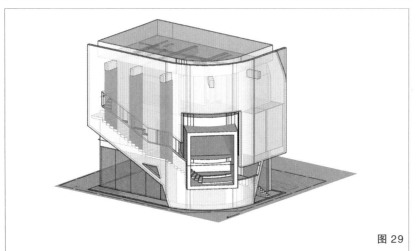

图 29

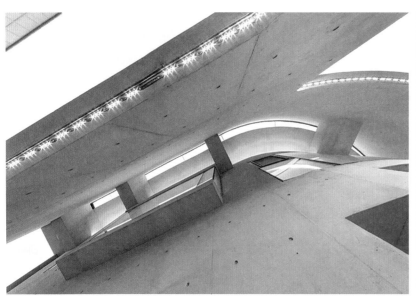

图 30

图 31

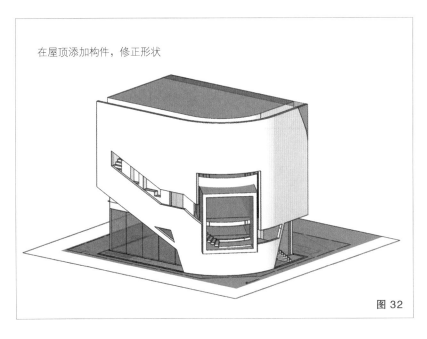

在屋顶添加构件,修正形状

图 32

4. 加入其他构件,完成整个建筑

详见图 32、图 33。

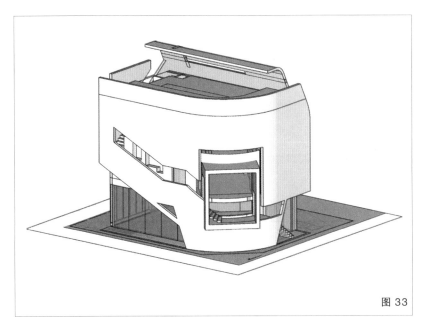

图 33

这个案例告诉我们:

第一,在空间设计里,如果不能让人看得多,那就让人走得多。

第二,建筑是三维的游戏,所以建筑中的任何元素都有变成三维的可能性。打破维度才是通关秘诀。

你学会了吗?

如何在明星建筑中间优雅地"抢镜"

猎人角社区图书馆——史蒂文·霍尔

位置：美国·纽约
标签：方形，图书馆
分类：文化建筑
面积：2045m²

图片来源：
图1、图6来源于网络，图2、图4、图14来源于http://www.zhulong.com，
其余分析图为非标准建筑工作室自绘。

有人的地方就有江湖,有镜头的地方就要"抢镜"。

镜头:???

普通人"抢镜",大概长得美就可以了,但如果在一群明星"大咖"中间,抢镜就变成了一个技术活儿,不但要抢到镜头,还要不露痕迹、姿态优雅。建筑界也是如此。

在知名建筑旁边做方案一向都是很冒险的。要是做得"平平无奇",就不能"抢镜",做得太"抢镜"的话,那肯定是"不尊重文脉环境,破坏场所精神"。那么问题来了,怎样才能既优雅地"抢镜",又不招人反感呢?请看正确示范(图1)。

图1

为什么土拨鼠先生可以抢到大部分镜头呢?因为它是土拨鼠啊!也就是说,其实竞争只存在于同类当中,威胁也只源于同类的妒恨。所以,无论在明星之间还是明星建筑之间,只要能成功地隐藏自己的同物种属性,就能避免受到威胁——化身成萌萌的土拨鼠先生,姿态优雅地独霸镜头。

以上,就是"如何在合影时神不知鬼不觉地优雅'抢镜'"的基本内容了,翻译成建筑学语言就是"基于内在知觉的现象学理论在特定场所下的环境锚固点的建立及其设计应用",代表人物:史蒂文·霍尔。

霍尔先生说过："建筑是依据场地所有的内涵而设计的，建筑与场地相融合又能达到超越物理的、功能的要求。通过与场所的融合，通过汇集该特定场景的各种意义，建筑才得以超越物质和功能的需要。"说白了，就是在不同场合隐藏不同的特点，扮成不同的"土拨鼠"，从而超越了嫉妒，优雅地"抢镜"，我们可以称之为"土拨鼠抢镜法"。

还不懂？我们来拆解个房子给你看，你就明白了。

下面这个是霍尔先生设计的纽约东河河岸的猎人角社区图书馆（图2）。

图2

图 3

这个项目的内部空间看着也没什么特别的，对吗（图3）？ 除了把自己扮成了一块"奶酪"。我们再把视角扩大，看看这块"奶酪"的周边。看见了吗？周边不是联合国总部大厦就是罗斯福纪念馆。这两个现代建筑大师的作品当护法（图4），基本就等于迈克尔·乔丹、迈克尔·泰森、迈克尔·舒马赫和迈克尔·菲尔普斯组团来打友谊赛，而你只是个小小的社区图书馆管理员，赢不赢无所谓（也没悬念），最重要的是大家合影的时候你不能沦落成背景板或者"路人甲"。

根据霍尔先生的"土拨鼠抢镜法"，一座建筑首先要做的就是隐藏建筑属性。建筑属性是什么？无非就是功能、交通、空间、尺度等。

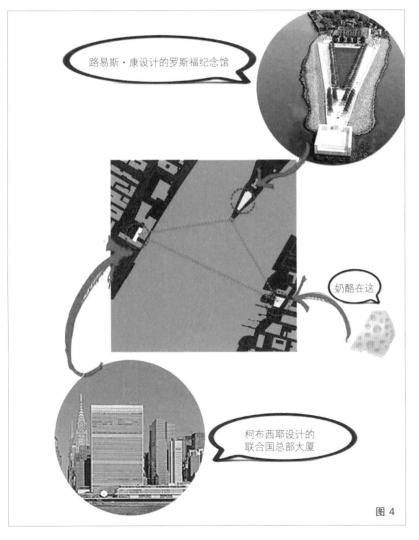

路易斯·康设计的罗斯福纪念馆

奶酪在这

柯布西耶设计的联合国总部大厦

图 4

1. 隐藏建筑的主要功能

模糊建筑自身的属性，凸显环境对建筑产生的作用。就这个案例而言，建筑呈"皮""骨"分离结构，建筑的内部空间在竖直方向上被分为功能—楼梯—功能三部分，并且楼梯空间占据了大开间的观景位，功能空间却被"挤"到了建筑的两侧。建筑的功能似乎被"隐藏"了，而用于与景观互动的交流空间成了建筑的主角（图5）。

图书馆的主要功能是搜集、整理、收藏图书资料以供人阅览、参考。普通图书馆中的阅览区一直都是"秤不离砣"地和采光窗设置在一起，从图书馆的外立面可以直接透过窗户看到阅览区。在这种形制中，楼梯通常作为配角去满足疏散功能的需求。那么，当楼梯完全占据了建筑中"海景房"的位置，楼梯步行系统作为观景长廊与建筑外的大面积水域进行对话，图书馆的主要阅读功能就被"隐藏"了，建筑的功能定义被模糊，建筑的自由性以及对场地的呼应也就凸显了出来。

2. 隐藏交通流线

消除建筑对人的束缚感，使人更自由地与建筑对话，与环境对话。

自柯布西耶在1914年提出"多米诺"体系后，用楼梯控制垂直流线，水平楼板上从"人的运动"角

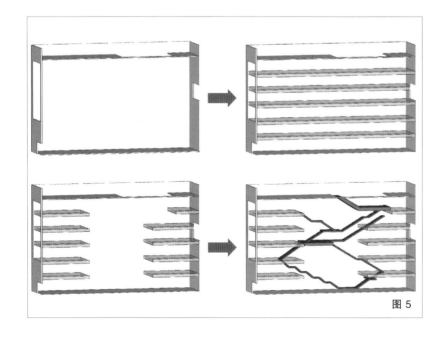

图5

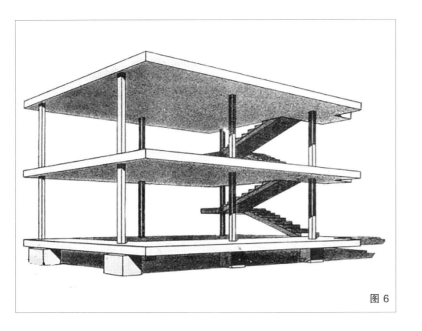

图 6

度入手自由控制水平流线的做法已是司空见惯。然而，当代建筑师并未止步于水平方向上的自由，他们将竖向的楼梯系统与水平步道系统组合，就形成了更加自由的流线体系，即多向选择流线（图 6）。

现在我们就来拆解这个看似复杂的楼梯系统。

其实，这个看似复杂的楼梯系统不过是将不规则的四边形楼梯单元进行叠加和做适当的减法形成的（图 7、图 8）。

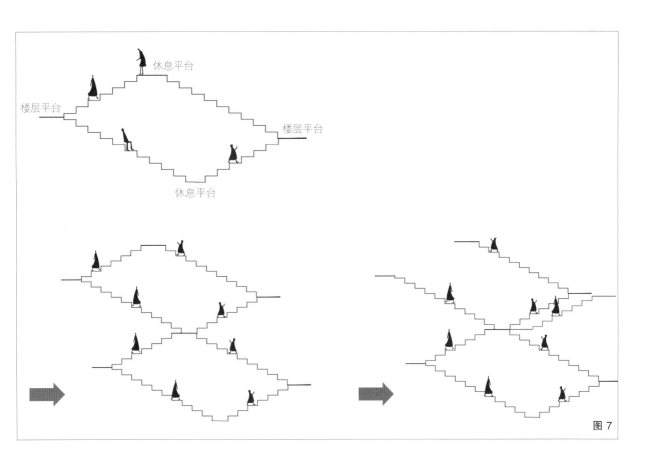

图 7

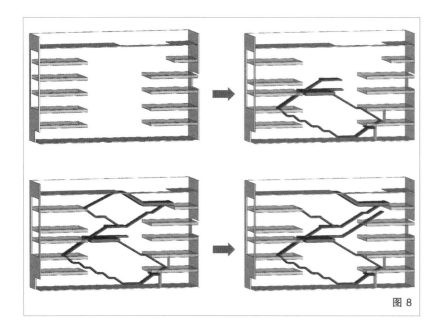

图 8

楼梯相交处的休息平台与功能楼层用
连廊进行连接，这时形成的多向选择
步道系统就丧失了传统交通系统的指
向性，流线就被"隐藏"了。建筑的
束缚感减弱,人的运动变得更加自由,
更能遵从自己的主观意愿，自己的流
线由自己去"发现"（图9）。

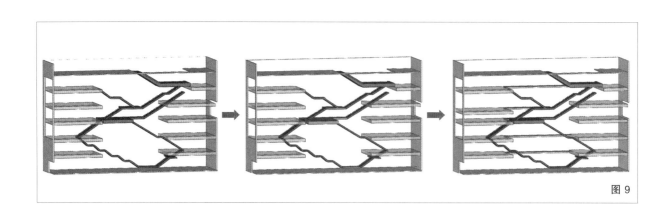

图 9

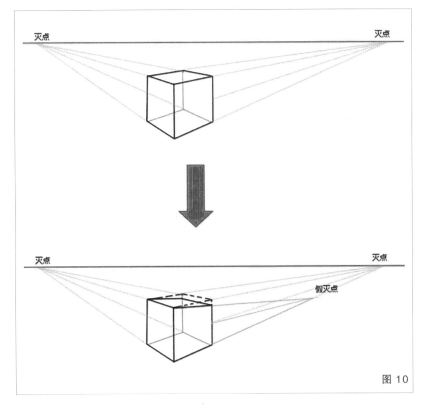

图 10

3. 隐藏平衡感

增强建筑空间的新鲜感，让人通过不断变化的视角去连续探寻建筑及环境。

将建筑两边的功能区楼板进行略微错层，水平连廊也随之变成坡道。空间的略微错位会混淆人们用来感受空间的灭点、视距等，这样一来人的平衡感就会被"隐藏"，从而使人在空间中的感受变成动态的——不同位置有不同的视点，参观者可以体验不断变化的视角的连续展开，从而感受到不同层次的建筑空间以及渗透进来的外部环境（图 10、图 11）。

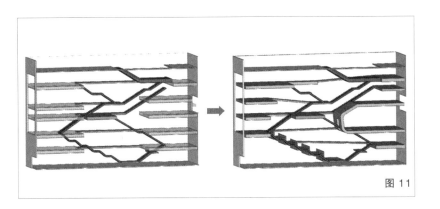

图 11

建筑体量对比图

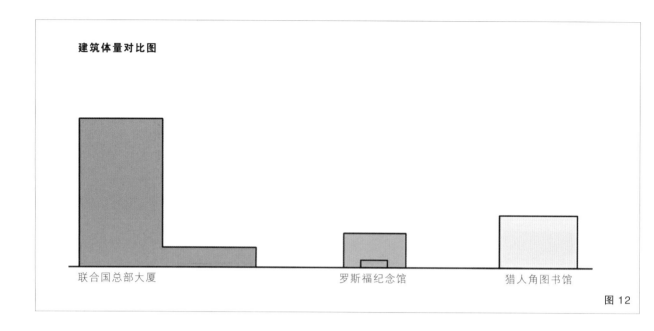

联合国总部大厦   罗斯福纪念馆   猎人角图书馆

图 12

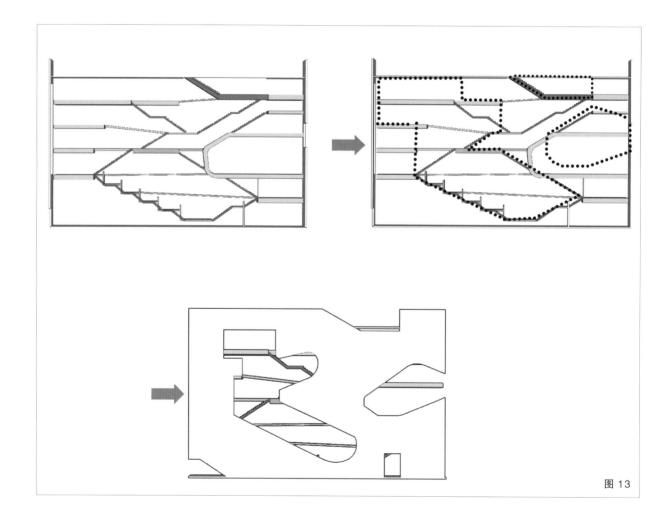

图 13

图 14

4. 隐藏尺度

将外部环境与活动流线直接结合，让外部环境与建筑中人的行为直接对话，创造独特的空间光影。

通过体量对比我们可以看到，图书馆其实是介于联合国大厦与罗斯福纪念馆之间的（图 12）。然而，为了尊重较为严肃的联合国大厦以及罗斯福纪念馆，图书馆不能采用正常的尺度使三者之间产生对比，于是，霍尔先生仅在建筑外观上开了几个不规则的大洞。可以说，习惯上用来判断建筑尺度的窗户被"隐藏"了。立面开窗在形式上貌似是不规则的开洞，但其实这是内部流线结构在墙面上的投影——将楼梯系统以及供人停留的平台投影到了墙面上，投影的形式即是开洞。这样，窗外的环境与建筑中人的行动又产生了直接的呼应关系（图 13）。

另外，霍尔对光可以说到了近乎迷恋的程度，而窗户是创造室内光影变幻的直接工具，将开窗直接与人的行为流线相结合就是用光来交织人的行动流线，由此产生的光影关系更加突出了人在移动中与建筑、环境的对话，让光来引导人进行空间的探索。除此以外，由于开窗多在步道共享空间，光会与空间交织，并向建筑的其他区域蔓延，交错的空间以及部分弧墙更是使光影像一场魔术一样（图 14）。

学会了吗？

以后无论面对多大的明星、多大的"腕儿"，大家只要记住：第一，不要怂；第二，不要误认为自己也是明星；第三，心中默念一百遍"我是一只土拨鼠"。相信我，镜头肯定是你的。至于那个大家都关心的为什么霍尔先生陪跑普利兹克奖这么多年的问题，我想大概就是他"角色扮演"玩得太好，以至于评委都忘了他也是候选人了吧。

如何做出"1+1=5"的空间

东京普拉达（Prada）旗舰店——Herzog & de Meuron 事务所

位置：日本·东京
标签：夹层，管状空间
分类：商业建筑
面积：2600m²

图片来源：
图 1 来源于网络，图 2、图 3 来源于 Google Earth，图 4、图 8、图 14、图 15、
图 17 ~图 19、图 23、图 25、图 26 来源于 *EL croquis* 第 109/110 期
（Herzog & de Meuron, 1998—2002），其余分析图为非标准建筑工作室自绘。

建筑师的数学"烂"已经是老话题了，吐槽都吐不出新意。但是，我还是坚定地认为：所有吐槽我们数学"烂"的人，都是嫉妒！最重要的是，就因为我们数学"烂"，才会给甲方弄出这种"1+1=5"的"空间大酬宾"。

我知道有人要说了，什么"1+1=5"，不就是加一送三吗？只要有钱、有地，别说加一个房间了，加一层送三层都行，想做多高做多高，想盖几间盖几间。然而现实是，即使有钱、有地，也还得考虑上位规划、限高、容积率。所以说，想要在既限地又限高的建筑中达到加一个空间就能多出n 个空间的效果，真的只有用建筑师的数学能力才能算出来。

这个旗舰店位于东京表参道。表参道（图1），江湖人称"烧钱街"，限地、限高，就是不限高消费。这里不仅聚齐了各种奢侈品店，更"要命"的是这些店铺几乎都出自名家之手，什么MVRDV建筑事务所、伊东丰雄、妹岛和世、安藤忠雄、Herzog & de Meuron事务所、青木淳、桢文彦、隈研吾等都"扎堆儿"来这里盖房子。而这个让Prada享受到"1+1=5"的方案，便出自Herzog & de Meuron事务所的赫尔佐格与德梅隆之手（图2）。

图1

图 2

Prada 项目虽然不缺钱，但是缺地！都是奢侈品品牌，谁也不让谁，能有个落脚的地方已经不错了。更重要的是，Prada 项目还缺新意，都是大师的作品，这个时候就只能靠数学取胜了。

1. 削形体

虽然是在一个这么密集的街区里做设计，但建筑师还是在基地旁边留出了一个公共广场——不知道是不是专门为我们留一个拍建筑照片的好去处。而剩余的空间要遵守城市限高的各种规定，其中最主要的就是阴影控制规则：这个建筑不能影响周围建筑以及街道的自然光线。所以，最保险的做法就是根据限制条件去塑造形体（图 3）。

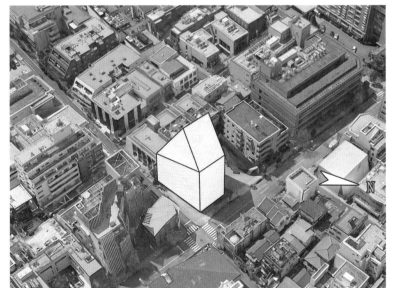

图 3

2. 加表皮

在各种限制下，形体最大也只能那么大，想搞什么花样是不可能了。既然形体搞不出花样来，那就只能在表皮上做文章了。于是两位设计者开始试验各种表皮，最终选择了如图 4 最右边所示的这种。

这个表皮不仅简洁好看，还能承重。当然，让结构师沉默流泪这种事儿咱们就先不说了。但是还有一个问题，表皮的分格尺寸是怎样确定的呢？为什么分格不能大一点儿或小一点儿呢？难道是结构师算出来的？还是仅仅为了好看？你先猜猜看，我们一会儿再公布答案（图 5）。

图 4

图 5

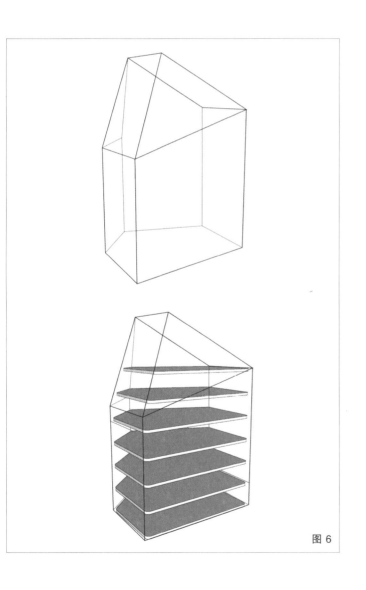

图 6

3. 切空间

形体和表皮确定后，剩下的就是收拾内部空间了。

加楼板，建筑被分成 7 层（图 6）。

加垂直交通和小的附属房间。

交通核和附属房间都被做成管状，提供功能空间的同时也能作为建筑结构的一部分，再结合建筑表皮的结构，使建筑的其余空间成为一个无柱大空间。同时，这些垂直的管状空间也是店铺展示空间的一部分（图7、图8）。

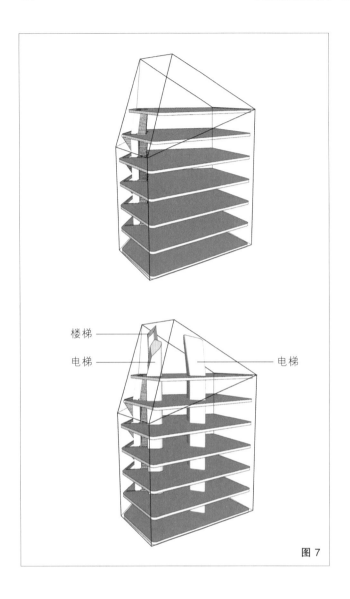

楼梯
电梯   电梯

图 7

图 8

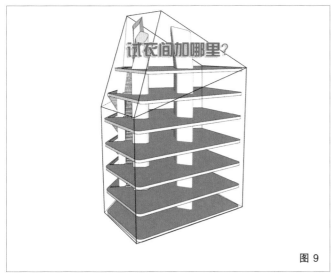

图 9

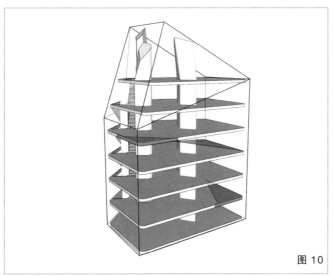

图 10

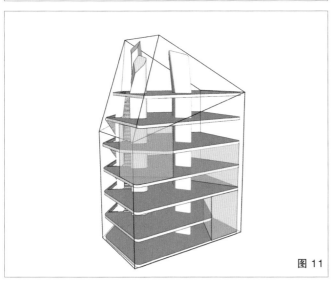

图 11

4. "1+1=5"

服装店总的来说有两大主要功能：展示和试衣。现在展示空间已经足够了，那么试衣间放哪里呢？如果你认为随便找个角落塞下试衣间就完事儿了，那就大错特错了。

对服装店的顾客来讲，试衣空间比展示空间更重要——道理很简单，试衣服和看衣服的人，你猜谁买的概率更大呢？所以，舒适自然并能让顾客"闪亮登场"的试衣间是服装店最具戏剧性，也最令人期待的空间。而在这个案例中，问题还要更复杂一点儿——因为面积实在太紧张了！

虽然试衣间很重要，但毕竟是一堆暗房间，放在哪儿都挡光，还会把好不容易做出来的无柱大空间切得七零八碎，这让高端、大气、上档次的奢侈品牌颜面何在？所以要打破现有的垂直空间体系（图 9）。

（1）切楼板

切楼板的同时，又增加了新的空间，使整个建筑内部不再是 7 个割裂的单体，而是相互流通的空间（图 10、图 11）。

（2）楼板之间的试衣间

切楼板所形成的两层通高空间就是完美的试衣间。是的，试衣间就加在楼板之间。

★划重点：

楼板之间的空间让试衣间在满足使用尺度的同时又不遮挡阳光，并且可以为上下两层空间服务（图12）。

图12

（3）"1+1=5"

在原有空间加入四棱锥状的试衣间后，又出现了3种新的空间，正是"1+1=5"。

第一种：右图中的绿色空间。试衣间与相连楼板所形成的斜坡空间是服装店的展示空间，为服装店提供了另一种展示可能（图13～图15）。

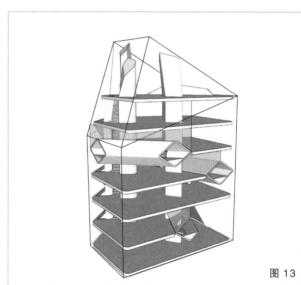

图13

图14

图15

图 16

图 17

图 18

第二种：上图中的蓝色空间是正常层高与两层垂拔空间之间的过渡。同时，试衣间底部的三角形凸起形成了"欲扬先抑"的空间节奏，强化了人在两侧空间的心理体验（图 16 ~ 图 18）。

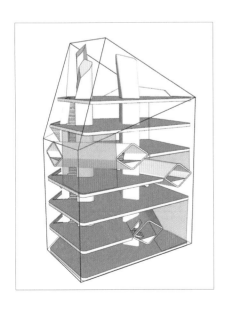

图 19

第三种：切楼板形成的绿色垂拔空间。垂拔空间直接与试衣间相连，这与传统的服装店将试衣间放置在整个空间的最内侧是完全不同的（图 19）。如此一来，顾客在试衣间中换完衣服，可以直接走进充满自然光的垂拔空间中——新衣服让整个世界都明亮了起来，此时不买，更待何时？

彩蛋 1

试衣间为什么长这样?

试衣间为什么要设计成这种四棱柱
的形式呢? 乍看上去并不好用,
施工也比较麻烦, 能不能用长方
体或是圆柱体代替呢 (图 20、
图 21)?

答案当然是不能!

首先, 设计成四棱柱的空间, 与其
他形式的空间相比, 自然光线进入
室内的阻挡最小 (图 22)。

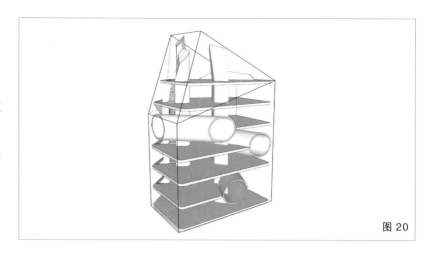

图 20

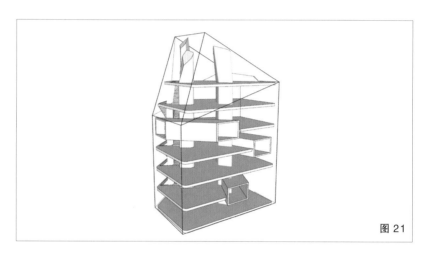

图 21

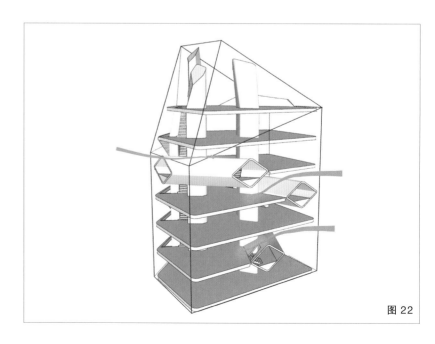

图 22

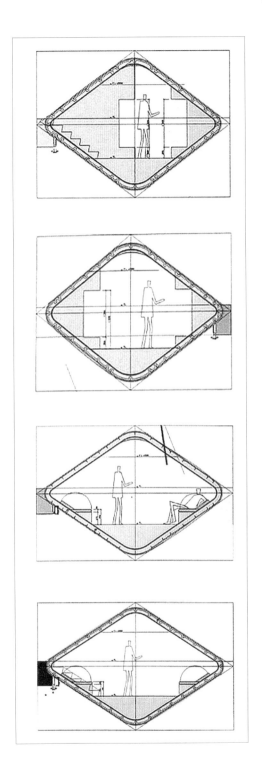

图 23

其次，一个四棱体还自然分割出了三种空间：一个交通空间和两个不同尺度的空间（站立空间和休息空间）（图23）。

彩蛋 2

表皮为什么这样分格？

现在公布之前问题的答案。表皮形式虽然在很早就确定了，然而分格的尺寸却一直没有找到确定的控制因素。根据上一个彩蛋，我们已经可以发现端倪，其实分格尺寸的确定是逆推的：根据人的使用尺度确定空间的尺寸，进而确定表皮的分格尺寸（图24）。

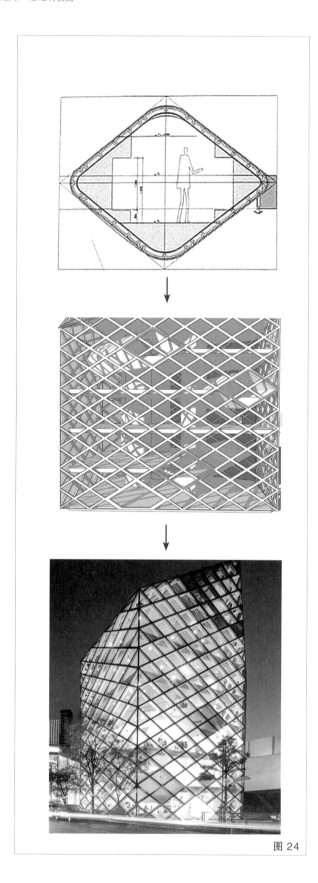

图 24

另外，表皮里还藏有一个高科技"彩蛋"。表皮覆盖着两种不同的空间：展示服装的公共空间和试穿服装的私密空间，当人们进入试衣间，触动楼梯踏板时，试衣间所对应的表皮玻璃就会变成不透明的形式，保护顾客的隐私（图25、图26）。

图 25　无人进入时，玻璃透明

图 26　有人进入时，玻璃变为不透明

最后敲黑板：

★ "1+1=5"的空间其实就是在空间中加入异质体后，其他所有空间都顺应发生了变化，这和喝豆浆配油条、喝咖啡配面包的道理一样，科学的说法叫保持设计逻辑一致。

★ 楼板与楼板之间是空间，空间与空间之间不是楼板，还是空间。

★ 空间的重要性是由使用者的心理期待决定的，而不是由使用功能决定的。

所以，你学会了吗？

那个外表平平的建筑凭什么打败你

Axel Springer 新媒体中心竞赛方案——BIG 建筑事务所

位置：德国·柏林

标签：立体交通

分类：办公建筑

面积：60 000m²

图片来源：

图 1 ~ 图 3 来源于 http://www.archdaily.com，其余分析图为非标准建筑工作室自绘。

作为一个建筑师，什么时候最沮丧？被甲方一遍遍地要求改方案的时候当然算一个，另一个大概就是投标失败的时候了吧。当然，投标这事儿，不可抗的因素太多，我们只说和设计相关的事。

如果说打败我们的方案是像扎哈的项目一般炫酷的，又或者是 MVRDV
那种可爱、乡村、"非主流"的，咱们也就认了，怕就怕这个方案看起
来"平平无奇"，让人完全找不到亮点，就像图 1 ～图 3 所示的这个办
公楼。

先不管这个设计是谁做的，就说这个样子的办公楼，大街上是不是很多？
这是 BIG 建筑事务所在 Axel Springer 新媒体中心竞赛中设计的方案，
这个方案进入了竞赛的三强。这个方案即使是和 BIG 其他的项目比，也
远没有那么夸张、有趣，那我们不禁要问了——凭什么？

图 1

图 2

图 3

既然如此，我们就一起来看看这个外表"平平无奇"的建筑到底有没有隐藏的"大杀器"。

首先，外表皮的玻璃幕墙很普通，看来看去也没什么花样儿，那就不啰唆了（图 4）。

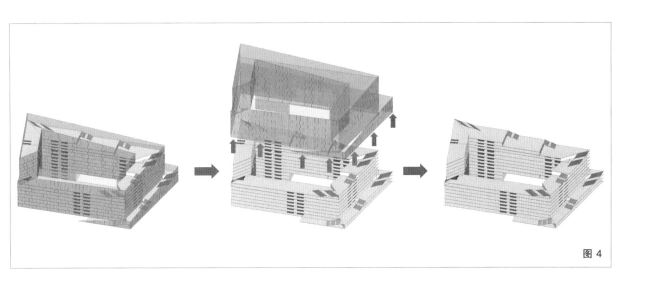

图 4

其次，我们再看交通核，布置得也
是中规中矩，肯定也不是"大杀器"
（图5）。

图5

然后，我们再看看平面布局，也是常规的做法（图6）。咦？剩下的这个是什么？难道就是传说中的"大杀器"？恭喜你答对了。这条剩下的环形步道体系确实就是BIG这个方案唯一的，也是最大的亮点。

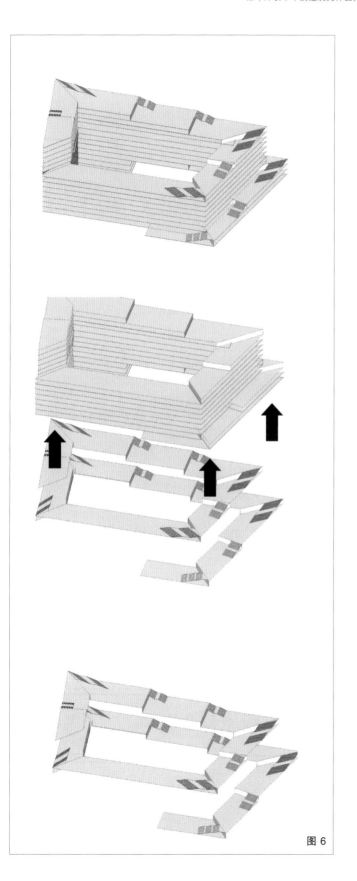

图6

当然，把屋顶做成步道平台也不是史无前例，很多人已经做过了。但是，BIG 的创意是将本来依托于屋顶平台的步道体系与室内的楼道合二为一，形成一个整体（图 7）。这样做有什么好处呢？当然不止得到一个休闲步道这么简单。

第一，这条立体环状步道体系构成了建筑的立体式交通。要知道，我们在常规交通中，都是用双跑楼梯来构成垂直交通，用走廊来构成水平交通的。但是，这种做法会导致建筑的各层流线都是分割开的，每层相对独立，空间不具有连续性。而当这个立体环状步道体系引领人流从地面层的主入口处开始，环绕整个建筑并到达顶点时，相当于在建筑的外围展开面上画了一条对角短线，这样在顶端设置一部用于疏散的垂直楼梯，就可以使建筑空间具备连续性（图 8、图 9）。

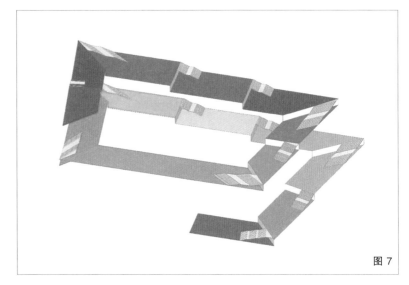

图 7

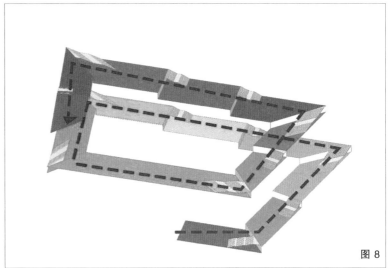

图 8

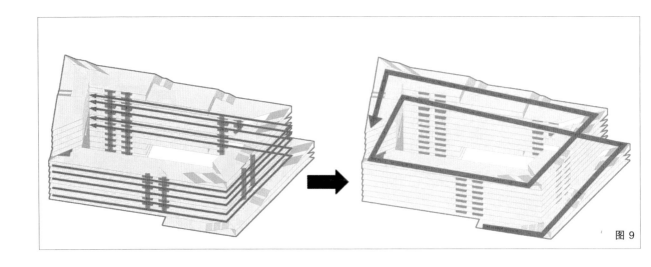

图 9

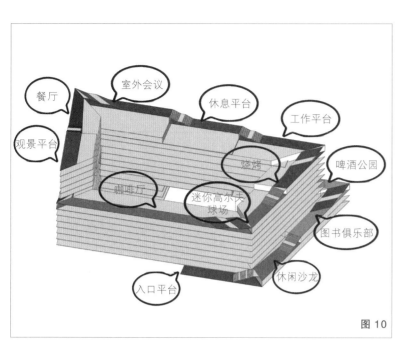

图 10

第二，这个立体环状步道体系使各层室外空间形成了一个个相互串联的交流平台，其中填充了各种休闲功能，这时，整个立体环状步道体系就成了外挂的功能空间，为楼内人员提供各种休闲服务（图 10）。

第三，这个立体环状步道体系将各层平台伸入建筑内部，伸入的部分替代了其对应的上一楼层的部分。如此一来，室内与室外平台形成了一个整体，室内形成了一个依附于室外立体环状步道的连续公共空间，模糊了室内外边界（图 11）。

学会了吗？

真正好的建筑不一定要有多复杂的功能、多炫酷的造型、多高深的理念，也许一念之间的思维转换便能盘活全局，这大概才是所谓的设计的本质。

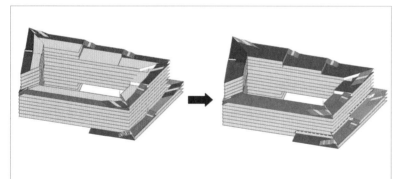

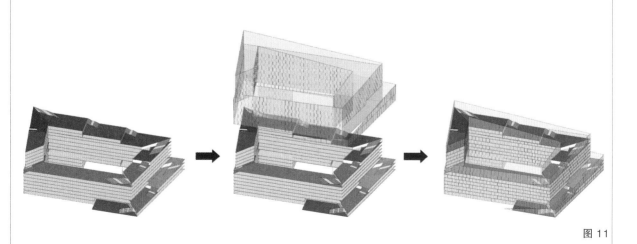

图 11

如何让建筑里没有任何梁和柱

台中大都会歌剧院——伊东丰雄

位置：中国·台中

标签：非线性，结构

分类：歌剧院

面积：34 601 m²

图片来源：

图1、图3~图5来源于网络，图2、图6~图8、图12、图18、图19来源于 *EL croquis* 第147期（Toyo Ito, 2005—2009），图15~图17来源于探索频道纪录片 *Man Made Marvels*，其余分析图为非标准建筑工作室自绘。

当我们带着懵懂的双眼走进建筑系的大门时，本以为要与大师谈一场"旷世奇恋"，没想到却和一个"冤家"上演了爱恨情仇。这个"冤家"在学校时我们叫他"学土木的"，毕业后我们叫他"搞结构的"。

但是，凡事都有"但是"。在其他建筑师与结构师为了梁和柱子打得昏天黑地、不可开交的时候，有一位建筑师却堪称"脑洞"清奇——"如果我的设计里没有柱子和梁，那'结构君'是不是就不会这么讨厌我了呢？"

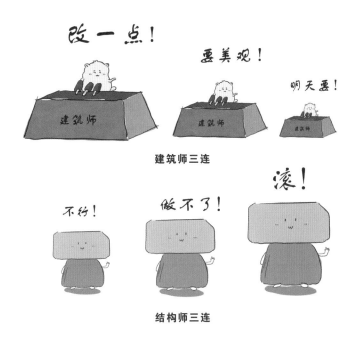

建筑师三连

结构师三连

这位"脑洞"清奇的建筑师就是我们萌萌的伊东君——伊东丰雄了。伊东君经过不懈的努力终于"捣鼓"出了这样的东西，而且不但"捣鼓"出来了，还成功地找到了甲方给建起来了，这就是著名的台中大都会歌剧院（图1、图2）。

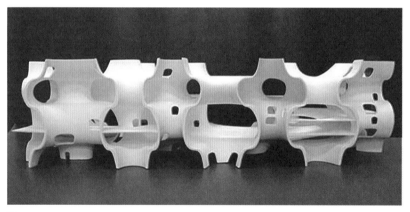

图 1

图 2

图 3

事实上，为了实现空间中没有柱子和梁这个完美的梦想，伊东君已经努力了很多年，甚至早在另外一个项目——仙台媒体中心的结构中便埋下了伏笔（图 3）。

仙台媒体中心用蜂窝状楼板取代了梁，用管柱代替普通的柱子，用作楼梯间、电梯间、通风井、采光井等，梁与墙的消失使空间连续，产生出二维的流动感（图 4、图 5）。

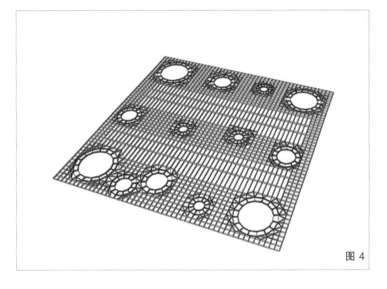

图 4

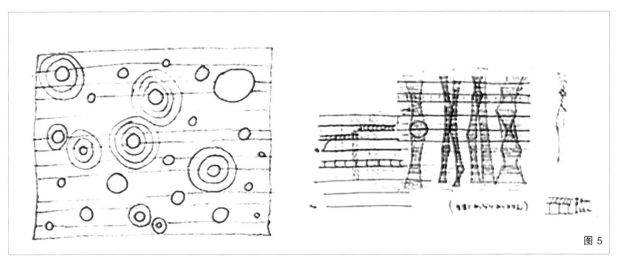

图 5

但这次在台中大都会歌剧院中，就连能被联想成柱子和梁的形式都消失了。管状柱不再限于上下直通，而是互相错位堆叠，"管"的相互错位同时也生成了水平垂直的两套"管"体系。这也打破了如仙台媒体中心那样的单层的连续空间，让整个建筑空间成为三维的连续空间。这个结构系统被伊东君亲切地称为"衍生格子（Emerging Grid）"（图6~图8）。

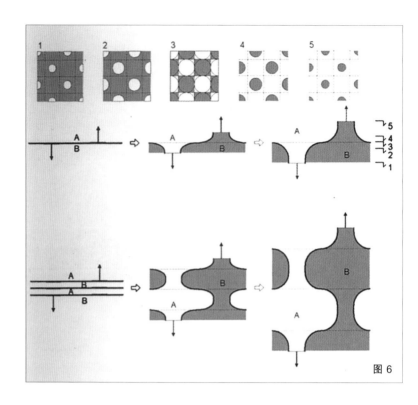

图6

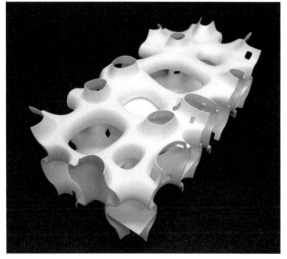

图7

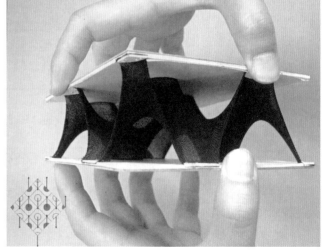

图8

当然，我知道你没有看懂。没关系，让我一步步拆解给你看。其实这个东西就是仙台媒体中心管柱的进化版。

第一步：画好一个单元格，并在其中均匀地排布柱网，将柱子变为管状，加上楼板，便成了精简版的仙台媒体中心（图 9）。

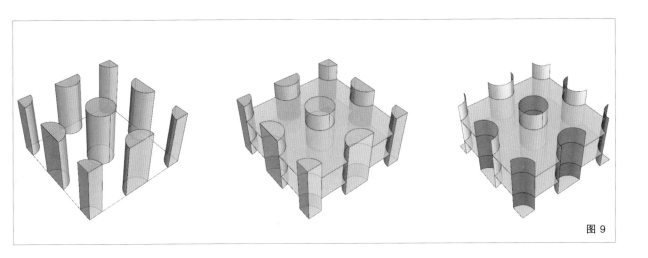

图 9

第二步：在精简版的仙台媒体中心的基础上，将每层的柱子以每隔一个的方式选择并删除，且将上下两层所删的柱子错开。在这一步中，水平的限制被打破，仙台媒体中心原有的只存在于每层之中的空间连续性在这一步扩展到了整个建筑中（图 10）。

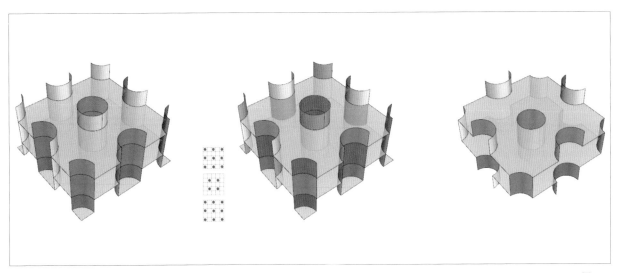

图 10

第三步：将原有位于不同面上的管柱和楼板通过曲面的方式融合在一个连续的三维曲面中，然后将这个单元块在两个维度中复制并组合。完成这一步就形成了变形前的、没有加功能的、均质版的台中大都会歌剧院结构体系（图11）。

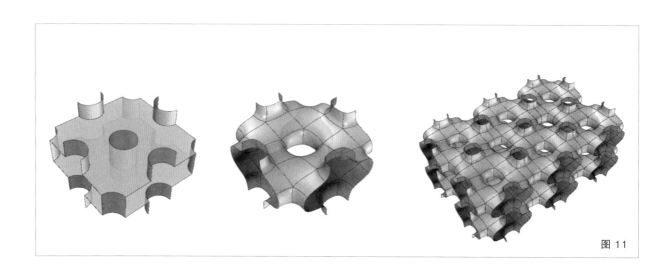

图 11

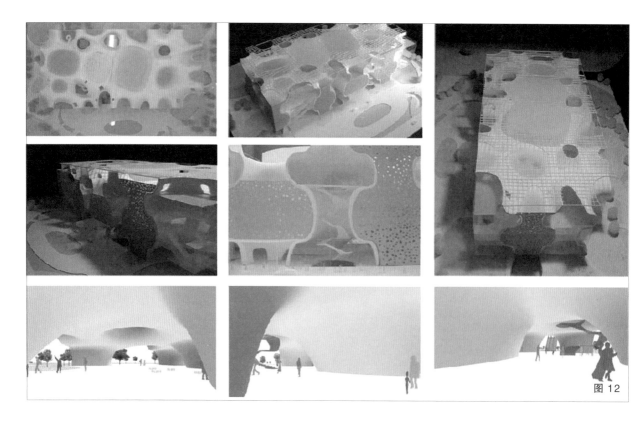

图 12

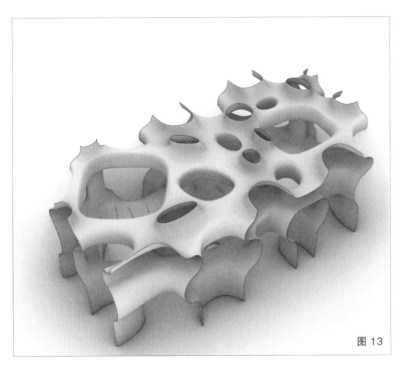

图 13

这个结构模糊了柱子、地板、天花板之间的界限。行走在建筑当中，人们再也无法定义哪里是墙，哪里是天花板，哪里是地板。地板向上"生长"，慢慢变成了天花板，天花板慢慢汇聚形成了地板，这种三维空间曲面形成了一种迷宫般的连续空间，让人沉浸其中。这个错位堆叠的管体系就像多孔的海绵结构，将传统的梁与柱消解在连续的曲面之中（图12）。

看似复杂的没有梁和柱子的"衍生格子"其实就是这么简单。将若干个单元体系组合之后加以变化，就可以适应各种功能，成为剧场或者阅览室等。这个系统使单纯而规则的空间变为复杂而充满变化的空间，使僵硬而刻板的空间变为柔软的有机空间（图13、图14）。

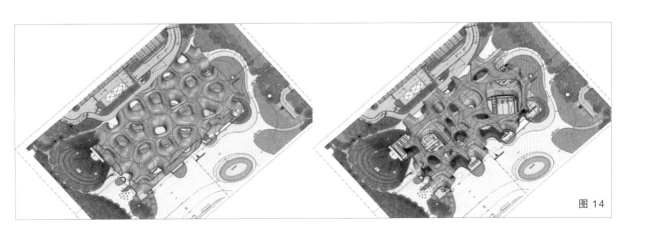

图 14

虽然伊东君的理想很"丰满"，但真正实现起来能这么完美吗？特别是在台湾这种地震频发的地方。

图 15

这个答案在歌剧院盖起来之前没人知道。于是在流标了五次之后，终于有施工方敢接这个谁也没见过的"没有柱子"的建筑了。又经过了11年，这个歌剧院终于完工了。下面就是见证奇迹的时刻——是不是真的没有柱子和梁呢？

首先，我们发现屋顶上有两个突兀的"方盒子"。之所以突兀，是因为这一空间并没有使用建筑主体的"洞穴"式结构体系，而仍然采用传统的结构体系。这两大块是剧场舞台后部的幕塔空间，因为功能跨度等原因，心中充满爱的伊东君也不得不向地球引力低头（图15）。

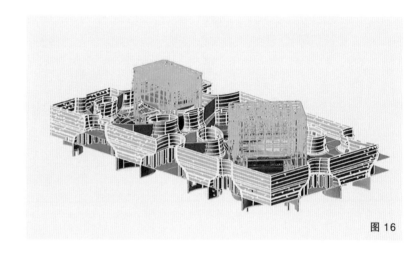

图 16

幕塔的结构体系深入地下并贯穿整个建筑，就像建筑两端的巨型柱子，保证了整个建筑体系的稳定，使建筑能够抵御地震时强烈的晃动。所以，这也体现了设计概念与建筑功能之间无法避免的矛盾（图16、图17）。

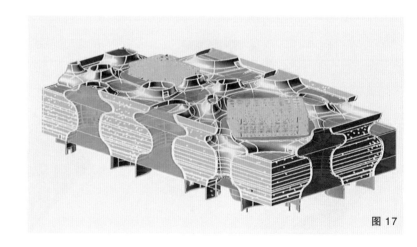

图 17

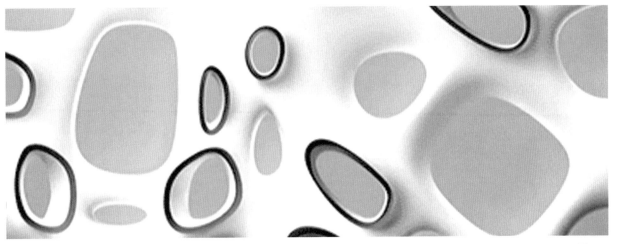

图 18

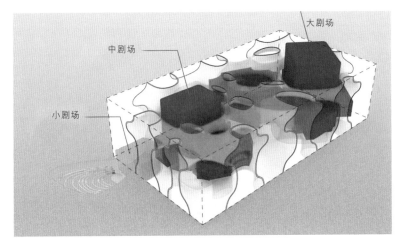

图 19

求求你！

画上柱子和梁吧！

我们不可能！

结构师新三连

伊东丰雄说："这个体系，我思考了很多年，没想到有机会在台中实现。"可见，这个体系并不是为台中大都会歌剧院的任务书而生的。这个均质的"衍生格子"系统遇到了歌剧院这个天生"不均质"的空间结构（1 ～ 2 个极大尺度的空间，被一群小空间附属用房围绕着），就是先天的"八字不合"。如我们所见，为了把两个大剧场塞到海绵结构里，伊东君不得不在很多地方做了妥协，如拉高腔体高度，拓平腔体宽度等。所以，如果你走进这个建筑，还是能明显感觉到一种为了"不均质"而刻意撕扯过的"均质"结构（图 18、图 19）。但是，即使不可避免地加了梁与柱，台中大都会歌剧院的出现也为建筑师和结构师之间的"爱情"提供了一种可能性。

如何让中庭从"花瓶"变成"影帝"

纽约库珀联盟学院建筑学新系馆——Morphosis 建筑事务所

位置：美国·纽约

标签：中庭，表皮

分类：学校

面积：16 258m²

图片来源：

图 1、图 2 来源于网络，图 3、图 4、图 8、图 11、图 14 来源于

http://www.archdaily.cn/cn，其余分析图为非标准建筑工作室自绘。

印 象中,"中庭先生"一直都是"靠脸"吃饭的,也就是传说中的"花瓶"。但凡是手头有点预算的导演(建筑师)都愿意请"中庭先生"来充充门面,毕竟人家拍出来的照片是这样的(图1、图2)。

图 1   图 2

当然,如果经费紧张,首先被裁掉的也是"中庭先生",毕竟他只是长得好看而已。

但是忽然有一天，"中庭先生"就成了"奥斯卡影帝"，凭借的"影片"就是纽约库珀联盟学院建筑学新系馆，"导演"则是 Morphosis 建筑事务所的汤姆·梅恩。

什么？好好的教室不去，为什么都要往中庭挤，难道仅仅是因为那里有台阶可以坐吗（图 3）？答案当然不是加了个台阶这么简单。那么"中庭先生"到底是怎么逆袭的呢？我们这就拆解给你看。

图 3

图 4

首先,这个建筑的造型其实也是因"中庭先生"而产生的,但这一点我们一会儿再说(图 4)。

我们先看内部空间,大家应该也能看出来,就是简单的"回"字形布局——在方块体量中掏了个中庭。

第一步:加中庭(图 5)。恭喜"中庭先生"在"演员表"中加上了自己的名字。

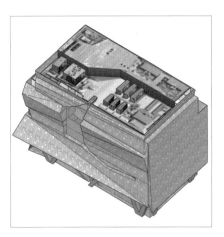
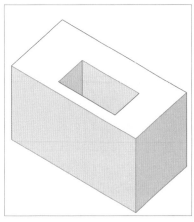
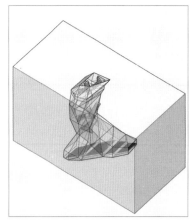

图 5

当然，如果只是这么简单，"中庭先生"就还是个跑龙套的"花瓶"。而这次，"中庭先生"一出场就展现出了主角光环。

造型确实不错，但是靠奇装异服就能当主角吗？

第二步： 切中庭。要成为主角就要搞好人际关系。"中庭先生"首先计算出自己可能需要的最大体量，然后再和功能空间、走道、天窗、楼梯等全部"演职人员"一一沟通，但凡有需要的就从自己身上切一部分让出去（根据功能空间、走道、天窗、楼梯等构件形成的体块，按照一定的顺序对中庭最大可能的体量进行切割，从而得到中庭最终的体量）（图6）。

处理好人际关系后的"中庭先生"就已经有了主角的样子了。但是，要成为"影帝"还需要一个强有力的对手来和他"飙戏"。

第三步： 加电梯。电梯能直达各个教室，这样谁还会走中庭的那个大楼梯呢？而且，中庭似乎还成了阻挡流线的存在（图7）。

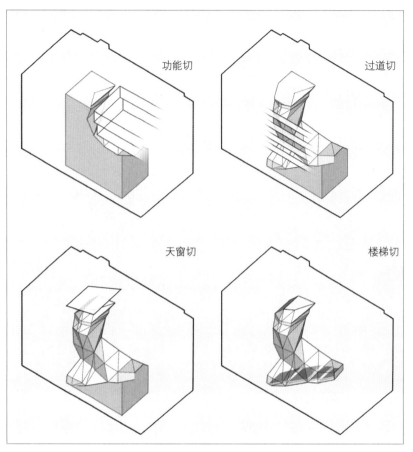

功能切　　　过道切

天窗切　　　楼梯切

图6

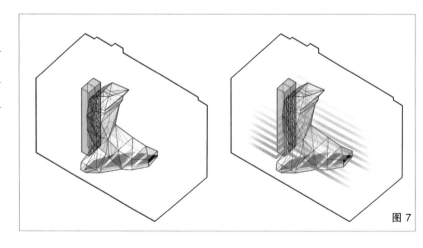

图7

更何况甲方彼得·库珀（库珀联盟学院创始人）说过，高等教育的本质应该是"如空气和水那样自由"，"我们希望能鼓励学生以一种更自然的方式走到一起"。而现在的"中庭先生"，虽然形体看似很自由，但流线还是像普通教学楼一样，是一层层地复制上去的。为了让自由不仅仅体现在理论层面，也为了不让电梯抢走自己好不容易得到的主角位置，"中庭先生"为他和"电梯先生"设计了如下"戏份"：跳停系统（Skip-Stop）。

跳停系统简单地说就是电梯不会在每一层都停，所以想到电梯不停的楼层就只能乘电梯到最近的楼层，然后——爬楼梯。"跳跃—停止"的电梯仅停留在第三层、第五层和第八层，人们通过中庭内的空中桥梁，可由第五层到达第四层和第六层，由第八层到达第七层和第九层，以此提高大楼梯和空中桥梁的使用率。学生即兴演讲和临时会议等这些原本只发生在教室里的活动，如今可以以更自由的方式在中庭里进行。与此同时，另设的在每一层都停留的两部疏散楼梯和辅助电梯，满足日常使用和搬运设备等实际需求（图8～图10）。

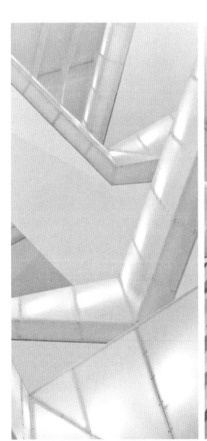

图8

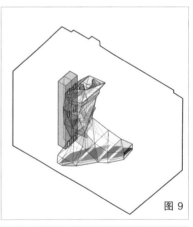

图9

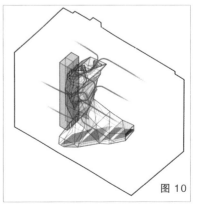

图10

第四步：加表皮。现在可以揭晓表皮的秘密了。

这个表皮可不一般，它让库珀联盟学院的这座建筑成为纽约市第一个被 LEED（能源与环境设计先锋奖）认证的学术实验室建筑，并且达到了 LEED 白金等级。表皮的可调节面板由大楼管理系统控制，可根据日照强度开启或关闭。双层外表皮结构使能源消耗由 40% 降低到 30%（图 11）。

但即使表皮这么强，也不会抢了中庭的风头，因为"中庭先生"在这个造价 5 亿美元（约合人民币 35.5 亿元）的表皮上留下了自己的印记（图 12、图 13）。

图 11

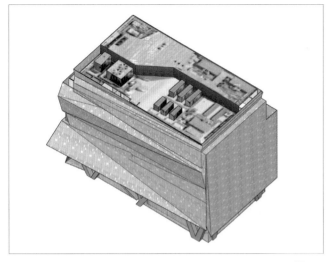

图 12

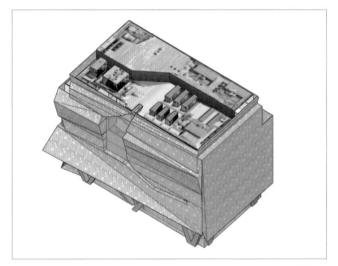

图 13

至此,"中庭先生"就完成了他从"花瓶"到"影帝"的逆袭之路。他靠的是什么?不是演技,更不是颜值,而是"互联网思维"。什么意思?互联网让世界变成平的,根据六度分隔理论,你和任何一个陌生人之间想要产生联系,所需要的中间人不会超过6个。同理,只要你敢想,中庭也可以和任何一种建筑元素产生联系,从而使整个建筑成为一个新的社交系统(图14)。

再同理,只要你敢想,任何一种建筑元素都可以和其他建筑元素产生联系,构成新的功能体系或者空间体系。所谓功能复合、空间复合,大致也就是这个意思了。

思维永远比手法更重要。要想成为"影帝",就别怕给自己"加戏"。

图 14

让你的方案一步变成"扎哈范儿"

路易斯安那州州立博物馆——Trahan 建筑事务所

位置：美国·纳基托什

标签：穿洞，展厅

分类：博物馆

面积：28 000m²

图片来源：

图 1 ~图 4、图 11 ~图 13 来源于 https://www.gooood.cn，其余分析图为非标准建筑

工作室自绘。

我们的方案和扎哈的方案距离有多远？大概就是买家秀和卖家秀之间的距离。怎么把自己的方案变成扎哈那样的方案？这个是可以操作的。

来看这个方案——路易斯安那州州立博物馆。虽然不是扎哈本人的作品，但一看这流动的劲儿，也是深受扎哈影响了（图1、图2）。这也是我们决定拆解这个建筑的原因。

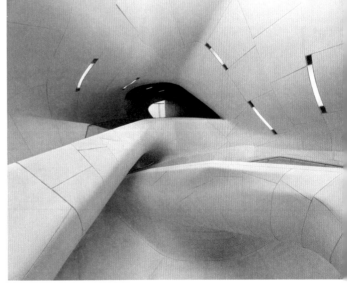

图1　　　　　　　　　　　　　　　　　　　　　　图2

如果扎哈像高迪一样，如上帝之手般创造出空前绝后的瑰丽建筑，那么这种建筑对于我们其实并没有什么实际意义，我们做得更多的可能只是欣赏与惊叹。然而扎哈之所以会成为我们这个时代的一个符号，是因为她代表的不仅是一种建筑风格，更是一种社会需求——一种因信息破碎和过度膨胀所导致的不安而产生的审美上的不确定需求。说简单点儿，就是因为这个世界太不"靠谱"了，所以人们就开始喜欢不"靠谱"的东西。

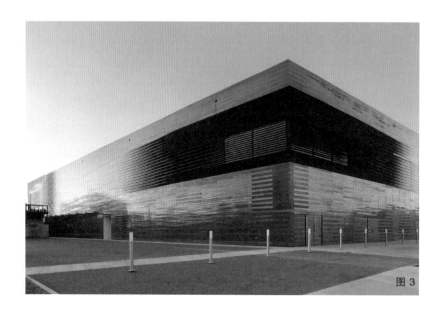

图 3

而这次的这个建筑立面简直太正常不过了，可以说它根本是在强行给自己"加戏"，而"戏精"就是一条走廊，全部的戏都在它身上，真可谓是靠一己之力撑起了一座建筑（图3、图4）。

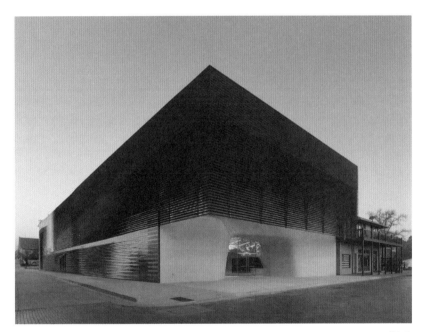

图 4

那么这条走廊到底是怎么给自己"加戏"成功的呢？下面就一步一步拆给你看。

第一步：根据场地确定建筑体块和功能布局（图5）。

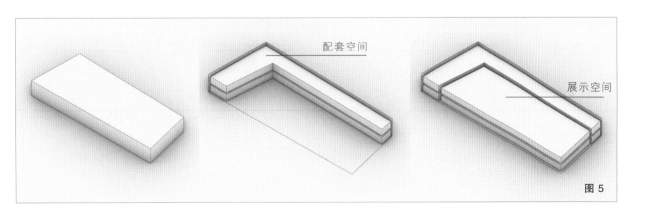

配套空间

展示空间

图 5

第二步：具体平面布置。这一步完成之后，正常的建筑设计其实已经完成了——功能完整、布局合理。而至此，走廊还是一条平凡的走廊，它的作用就是连接起所有展示空间（图6）。

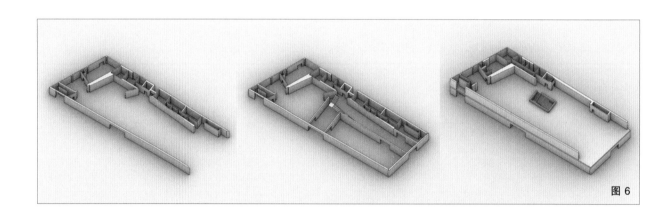

图6

第三步：给走廊空间"加戏"。只需一步，走廊就变成了"曲廊"，"路人甲"就成了扎哈。这一次，走廊不再是夹在众多"空间大佬"之间求生存的"小弟"，而俨然成为影响周边空间的"大哥"（图7）。

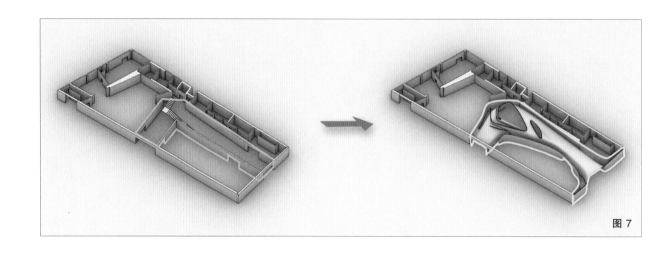

图7

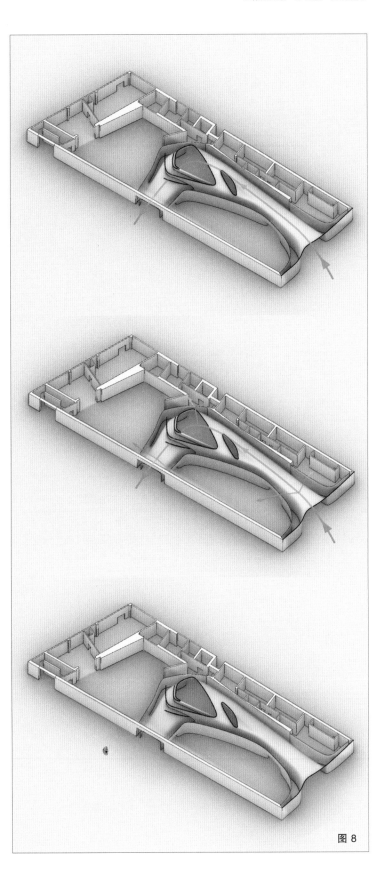

图 8

但是问题来了,为何走廊一"加戏",空间效果会加倍呢? 如果你还没看懂,下面我们就对走廊进行更详细的拆解。

★ **划重点**:
空间效果的加倍源于走廊与其他空间的联系。

首先,看一下走廊与水平展览空间的联系。全部为非线性空间的走廊通过与展示空间的联系,使展示空间也成了半非线性空间。同时,通过出入口与城市空间产生联系,让建筑与城市相接的外立面也具有了非线性的特质(图 8)。

其次是走廊与垂直空间的联系。走
廊空间与垂直交通和采光天窗的结
合使这一空间的形态得以向垂直方
向延续（图9）。

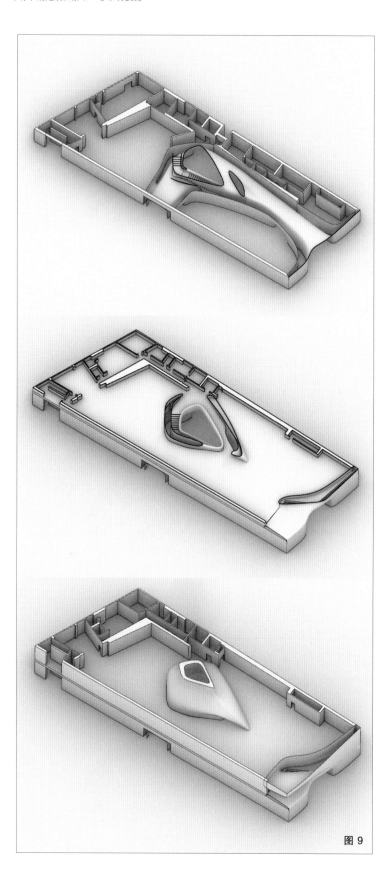

图9

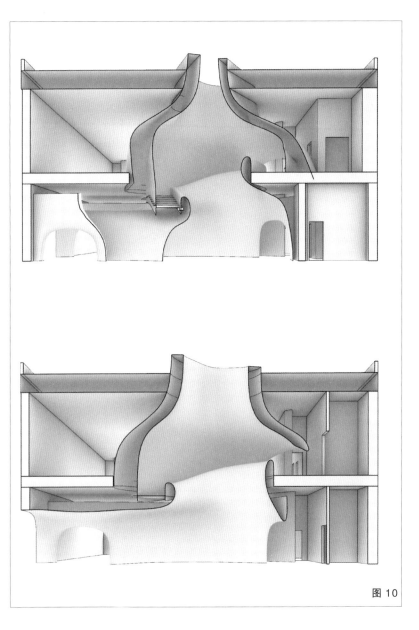

图 10

至此，走廊将所有建筑空间联系在一起，使整个建筑空间成为一体。通过对走廊的设计，整个建筑空间都拥有了预想的效果——扎哈的效果（图 10）。

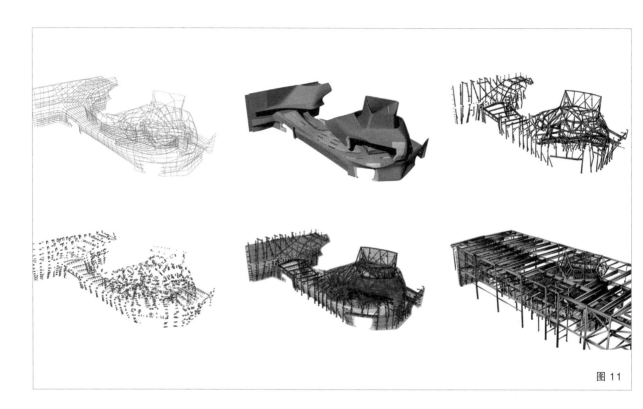

图 11

图 12

但是，问题又来了。走廊终究是通过性的空间，不放任何展品，不具有任何展示的功能，建筑师为何要费时、费力又费钱地设计这个空间呢？因为这个走廊本身就是展品（图 11、图 12）。

图 13

这座博物馆位于路易斯安那州甘蔗河岸，博物馆主要展示本州的历史、体育与文化，是一种过去与未来、静态与动态之间的对话。走廊这一单向的空间暗含了对历史的象征，其动感的非线性表皮又有着运动的意象，而取自甘蔗河古河道的形态，便是对路易斯安那州文化最好的阐释（图 13）。

一条走廊成了融合历史、体育与文化的展品，可见这条走廊不仅是建筑师让建筑空间变得炫酷的工具，更是建筑师对空间设计的一种重视，一种对大部分人所忽视的空间价值的再挖掘。

这个空间之所以设计得很成功，主要原因并不在于非线性的表现力，或是其暗含的技术方面的成就，而是建筑师对走廊这种次要空间价值的发掘。建筑师结合博物馆的展示内容，使这一空间成为博物馆展示的一部分。

通过对这个建筑的拆解我们可以发现，对那些人们原本并不关注的空间进行设计，即使只是简单的变化，也可以产生意想不到的效果。所以你的方案离"扎哈范儿"其实差的只是发现一个尚未被发掘出价值的空间而已。

你和藤本之间只有一个 "拉花"的距离

巴黎综合理工学校新学习中心——藤本壮介

位置：法国·巴黎

标签：楼梯，交流空间

分类：教育建筑

面积：10 000m²

藤本壮介同学是个好同学。他从出道以来就源源不断地为建筑系各年级的同学们贡献各种设计作业的素材。在大设计作业评图时，学扎哈的是俗，学 BIG 的是肤浅，学妹岛和世的，只有学她的剪影小黑人还能比较像。要是学的是什么安藤忠雄或者贝聿铭，对不起，您是穿越来的吧？而藤木壮介（其实还有石上纯也）的建筑不但概念的格调高，还有纯洁干净的形式。但是我亲爱的同学们，你们天天学藤本壮介到底学会了什么？千万别告诉我只学会了在白色屋顶上挖个洞。

今天我们就来为你破解藤本壮介的套。其实破解藤本壮介的套路也不难，只需要运用一个小技能，这个小技能是我们从上幼儿园时就必备的——拉花！在这里，藤本壮介所谓的暧昧空间——渐层场域其实和拉花也差不多（图 1 ~图 5）。

图 1   图 2   图 3   图 4

图 5

这栋房子是藤本壮介为巴黎萨克雷大学内巴黎综合理工学校设计的新学习中心。当然，如果用藤本壮介自己的方式来讲这个建筑的话，那就是：其中充斥着复杂与简约、分离与相连的均衡，并往往伴随着谜团般的路线和摆脱经典对称法则的不确定的墙体，但其不确定性的设计手法也都遵循着某种有着微妙联系的设计路径，比如，路径和体块构成会遵从分形几何原理[①]。如自然中的树杈、海岸线都包含着分形的元素，同时又以自然为设计灵感，将分形几何思维运用到设计当中。根据分形几何原理设计出的建筑空间，既有着缺少人为限制的自由性，相互之间又有着微弱的联系（图 6、图 7）。

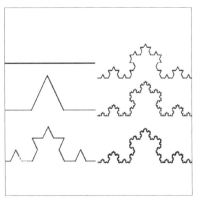

图 6

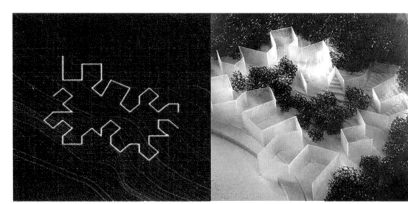

图 7

①分形几何原理：第一步，给定一个初始图形——一条线段；第二步，从这条线段中间的 1/3 处向外折起；第三步，按照第二步的方法不断地把各段线段从中间的 1/3 处向外折起。这样无限进行下去，原本简单的图形就能分形出新的复杂形状。

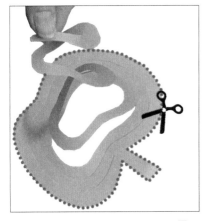

图 8

看不懂以上内容没关系，因为所谓缺少限制的自由性和微弱的联系，说白了不就是个拉花吗？首先，让我们来看看拉花是怎么做的。

动作一：
剪出你想要的拉花轮廓形状，可以是圆的、方的、三角的，带尖的、带刺的（图 8）……

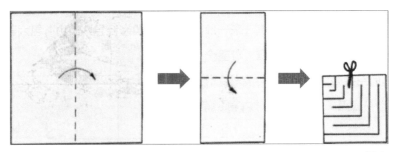

图 9

动作二：
将纸折叠，剪切。其折叠方式和剪切路径决定了拉花的镂空效果（图 9）。

动作三：
将剪刀剪过的路径围合成拉花的条状部分（图 10）。

动作四：
在剪出的路径的交会处留出连接相邻道路的节点，这些节点将成为拉花的枢纽（图 11）。

动作五：
把拉花提起来（图 12）。

这样，缺少限制的自由性和微弱的联系就出现了。

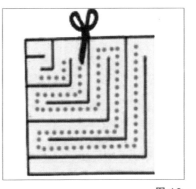

图 10

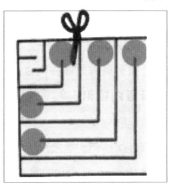

图 11

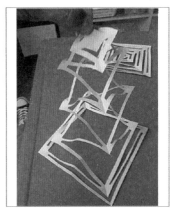

图 12

现在，我们再来看看这个建筑是如何像拉花一样被剪出来的！

从图 13 可以看出，这座建筑就是由规则的 U 形教学区以及一个自由、丰富的前庭空间组成的。

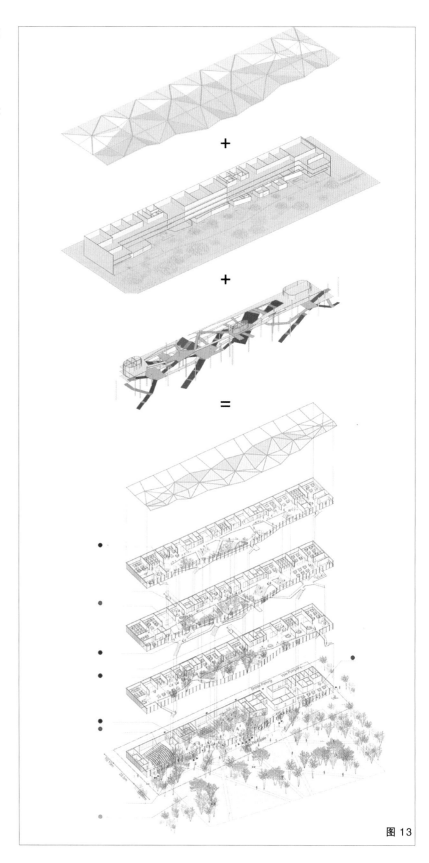

图 13

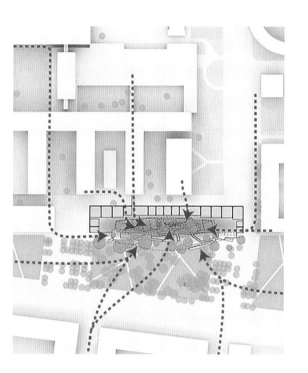
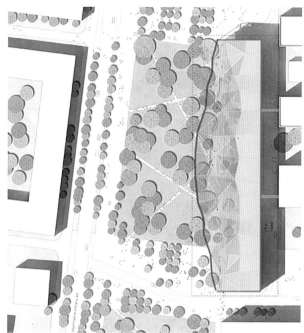

图 14

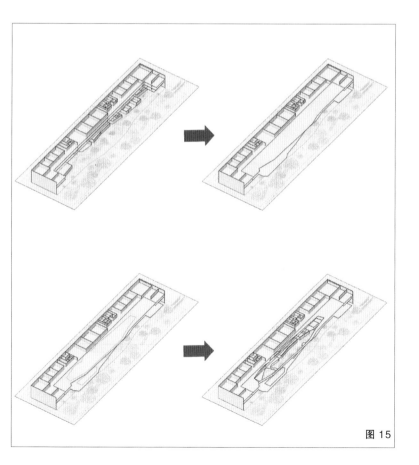

图 15

操作步骤：

第一步：剪出空间的外轮廓，利用场地因素来限制空间的边缘形态。比如，这个学习中心就是以各方向人流的可达性以及场地斜向交错的道路纹理来控制空间的边缘形态的（图 14）。

第二步：拉花的剪法类似于将轮廓进行多次偏移（offset），在这一步，我们进行一次偏移来做出镂空空间的边缘（图 15）。

第三步：剪出拉花的条状路径——连廊，以连通教学区与共享空间。外部道路斜向交错这一方式又被应用到了连廊上，且连廊在垂直方向上并不对齐，而呈犬牙交错的形态，使镂空部分被分隔成许多拉花般不规则却又相互关联的小空间。部分连廊继续向外延伸，形成一个个供人凭栏远眺的小观景台（图16）。

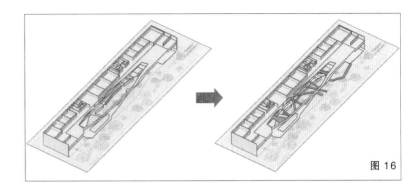

图 16

第四步：剪的路径交会处形成拉花的节点，在垂直方向上将节点交错分布于各层平面，对节点进行局部扩大，形成平台，以供老师、学生和参观者进行非正式的集会或活动（图17）。

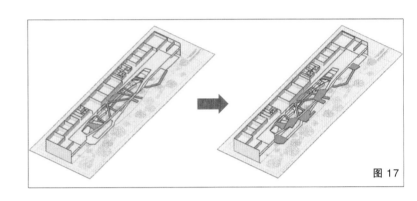

图 17

第五步：将拉花提起来，用宽窄不同的楼梯充当拉花被提起时连接节点的斜向线条，外部道路斜向交错这一方式同样被应用在楼梯的垂直与水平投影上（图18）。

至此，拉花般的诗性空间就"剪"出来了。

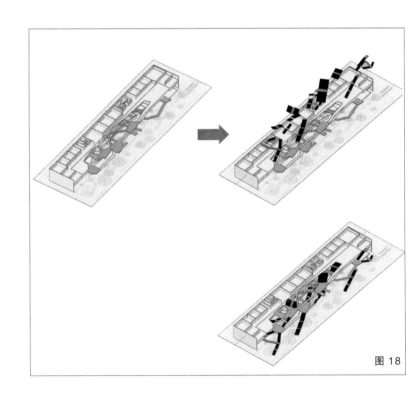

图 18

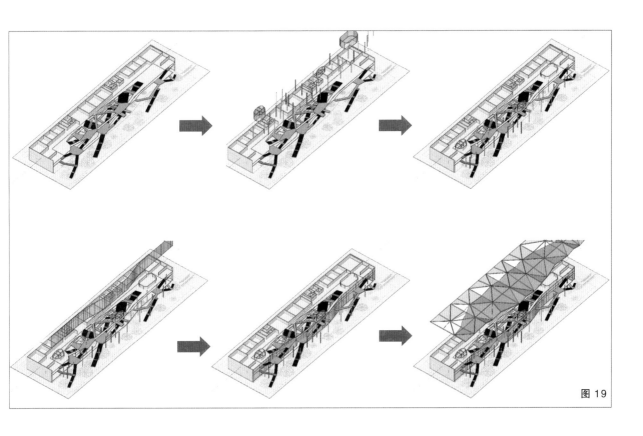

图 19

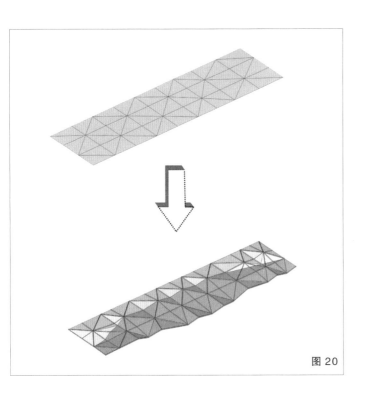

图 20

最后，给空间加上一个宽敞的顶棚和不规则点缀的柱网。

此建筑的顶棚看似不规则，其实是通过在三维空间上改变排列整齐的"米"字格的节点位置产生的，既呈现出丰富的变化，又不失整体性，同时也体现了分形几何的特点（图19～图21）。

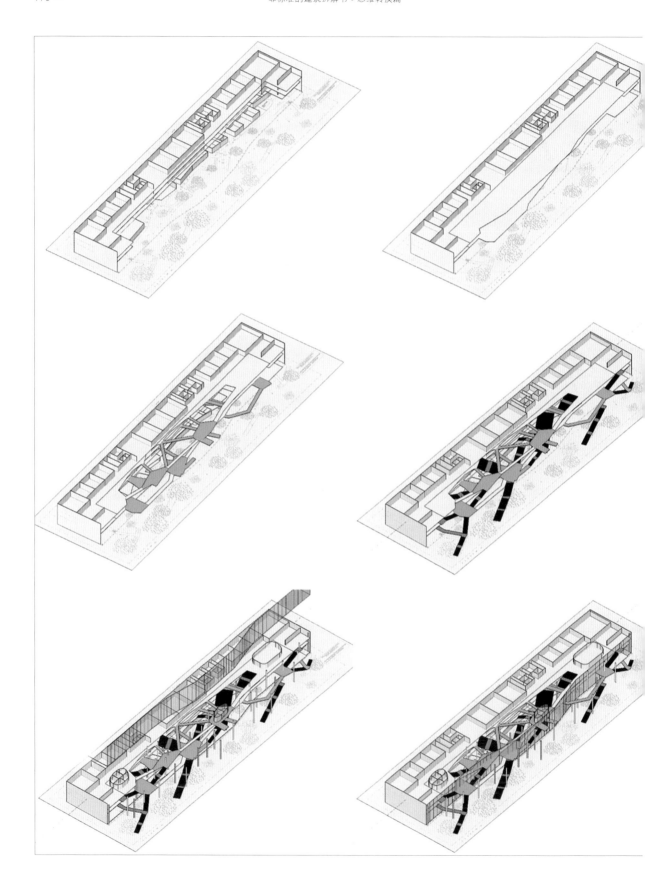

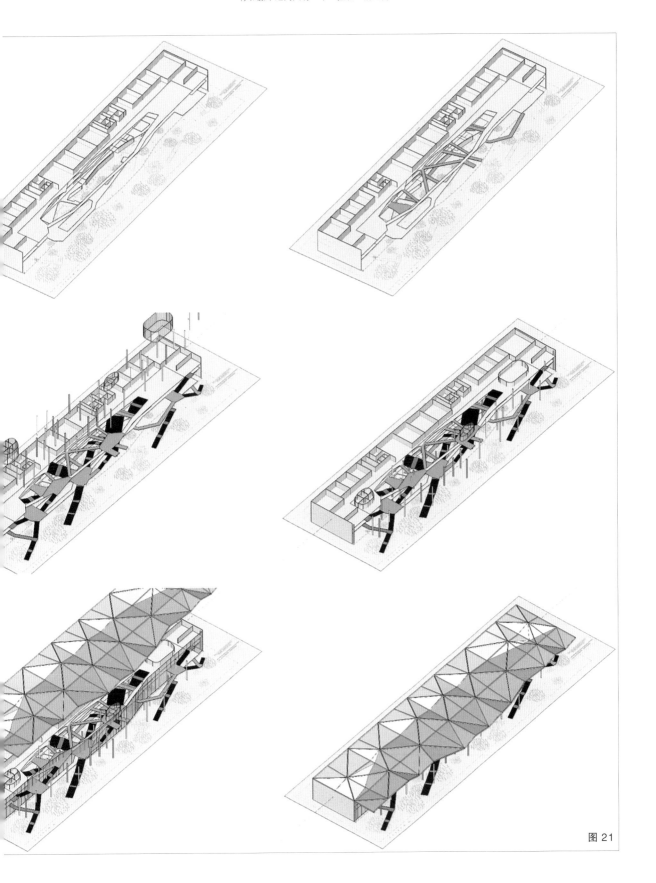

图 21

除了连接教学区与各个"节点"，楼梯在水平方向上的投影又与连廊呈交错状，在三维上割裂出了拉花般丰富的小空间。这样形成的分形几何般的立体割裂空间使空间的各个位置都不直接暴露于人的视线之中，由于空间的"节点"平台有多条交通流线交会，更有利于人们相遇交流，因此不需要人为地去限定空间功能，这样可以使空间更具"暧昧性格"。人们在空间中走动时，随着视点的改变，空间的各个角落模糊了远近、宽窄的关系，而由连廊和楼梯割裂出的空间既相互分离又有联系，以此产生的动态的秩序丰富了人们在建筑中的体验。

值得注意的是，建筑的玻璃幕墙并非将整个楼梯空间全部包裹在内，而是插在了平台中间，使一部分楼梯及平台成了室外楼梯。这种做法进一步模糊了建筑的边界，让人忽略了在建筑内还是建筑外这一概念，而顶棚又将整个楼梯系统全部覆盖，"半限定"出了场所。

你学会了吗？

如果我们再回过头看藤本壮介其他的作品就会发现，藤本同学真是"剪纸小能手"呢。由此可见，在幼儿园学的知识是多么有用啊（图 22 ~ 图 24）！

图 22

图 23

图 24

如何把海绵变成建筑

爱荷华大学视觉艺术馆——史蒂文·霍尔

位置：美国·爱荷华州

标签：自然，啮合，图底

分类：教学楼

面积：11 706m²

图片来源：

图 1、图 2、图 7 来源于网络，图 3、图 5、图 9、图 11、图 13、图 16 ~ 图 19、

图 23、图 24 来源于 http://www.archdaily.cn/cn，图 12 来源于 Google Earth，

其余分析图为非标准建筑工作室自绘。

自从《拆房部队》成立以来，我们被问过最多的几个问题就是房子怎么拆，资料怎么找，动图怎么画。其实这三个问题反映了大家默认的建筑学习方法: 临摹作品(房子怎么拆)、收集案例(资料怎么找)、学习软件（动图怎么画）。

其实我们可以很负责任地告诉大家，这三个方法都对，但是缺少了一个秘诀——"误读"，或者说敢于"误读"，也就是胆大。

所谓"误读"并不是有意地错误解读，而是按照自己的理解去合理推断。实际上，除了作者本人，其他所有人——甭管多大的"腕儿"——所谓的解读都可以算是"误读"，都是基于自己知识结构的合理推断，都不等于真理。比如，看民国时期的建筑史，你会发现连断代都不准确，可是你现在手里的建筑史就肯定是准确的吗？其实也是现代人的合理推断。所以在学习的时候，大家其实都是在通过别人的"误读"（课本）来学习。既然都是"误读"，为什么不通过自己的"误读"来学习呢？不管作者本人是不是这样做的，我们只根据建筑最终呈现的状态来推断出我们能用也会用的具体设计手法就可以了。比如，喜欢拿自己的水彩画当效果图的"自恋"建筑大师——史蒂文·霍尔，如果按照现在已有的解读（别人的"误读"），霍尔设计建筑的理论基础是莫里斯·梅洛 - 庞蒂(Maurice Merleau-Ponty) 的知觉现象学，它对建筑设计的启发意义是"回到事物本身"，重视人类在日常生活中对场所、空间和环境的感知和经验。生活和建筑的经验是用一生来感受和积累的，故而生活和建筑的经验是由记忆和不断变化的瞬时知觉和感受组成的。

但是，用现象学指导建筑学这事儿不是读一两本书就能学会的，我们只想学习设计手法。所以，咱们还是自己来"误读"一番吧。

图 1

图 2

我发现霍尔总爱提一个词：porosity（多孔性、孔隙率）。这个词第一次出现是在霍尔 2000 年出版的《视差》（*Parallax*）一书中，第一次在建筑设计中应用则是在 2000 年建成的荷兰 Sarphatistraat 办公室（图 1）。根据霍尔的解释，这一概念源自门格海绵（图 2），它是分形的一种，有兴趣的同学可以自己去查阅，懒得翻书的同学就和我一样，将其直接理解成"海绵宝宝"就可以了。不管根据现象学还是分形几何，反正我们见到的就是霍尔设计了好几个全身长孔的"海绵宝宝"建筑，如爱荷华大学视觉艺术馆。这座建筑是为艺术史学院设计的新教学楼，专业众多，包括冶金技术、虚拟现实技术、珠宝艺术、雕塑与绘画艺术、平面设计、影视与摄影艺术等。简单地说，这座建筑就是一个很多专业的学生共同使用的教学楼（图 3、图 4）。

图 3

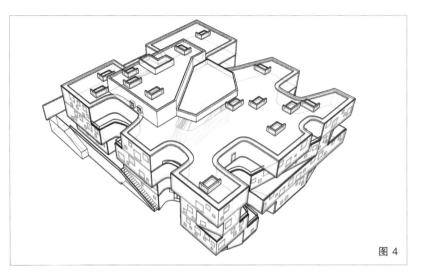

图 4

一、建筑中间的第一个孔

第一个孔其实就是中庭，其四周的楼梯增加了中庭的活力，这就是霍尔所说的垂直孔洞。这个中庭不仅利于采光，其内部的楼梯还可以在这个多专业共用的教学楼中作为垂直的社交中心（图5、图6），这和汤姆·梅恩设计库珀学院中庭的想法类似。

图 5

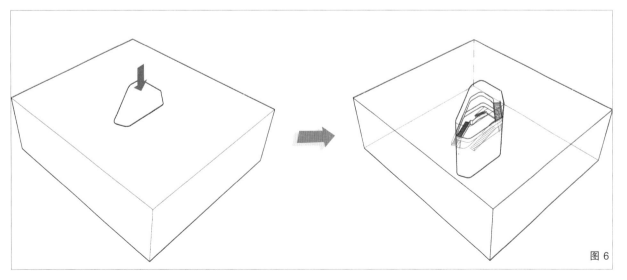

图 6

这种垂直孔洞结构霍尔在麻省理工学院学生公寓的设计中就应用过，它被霍尔称作建筑中的"肺"，不仅像呼吸中枢一般连接起建筑"全身"，还从外部吸收自然光和流动的空气（图7）。

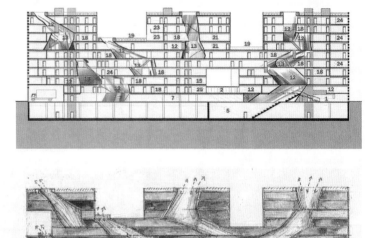

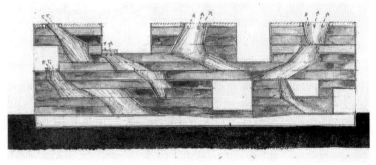

图 7

二、贯穿建筑的第二个孔

中庭能带来很多好处，但也有一些缺点，比如，它是独立存在于建筑内部的，和建筑外部空间没有什么联系。空间就像水一样，与外部有联系的流动的"水"要比静止的"水"更有活力。所以，霍尔又在建筑中挖出一个水平的孔洞，使中庭不再是建筑内部一个独立的存在（图8）。

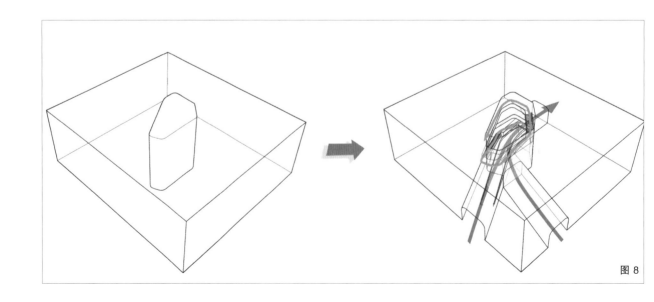

图 8

图 9

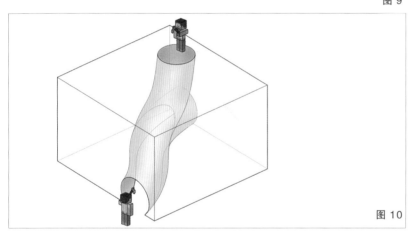

图 10

图 11

这种垂直中庭与水平空间相结合的案例有很多，如埃塞俄比亚的Lideta商场，其水平的孔洞连接了两条街和垂直的中庭空间，引入了人流，提高了建筑的活力（图9、图10）。之前说到的库珀学院也一样，在垂直中庭中加入了一条连通主入口与上层空间的大楼梯。类似的做法都可以使原本单一的中庭空间变得丰富且具有活力（图11）。这些开放空间促进了学院内不同艺术学科之间的交流，学生可以通过这些开放的区域看到正在进行的活动并参与其中。

值得一提的是，霍尔设计的水平孔洞空间的代表，便是位于爱荷华大学视觉艺术馆南侧的艺术及艺术史学院（图12）。

这个建筑的形态源于毕加索的一个关于吉他的雕塑，霍尔认为，其建筑外形的这种几何性的消解，可以在建筑的边缘形成更加丰富的空间感受：这里的空间和周边的自然景观既可以两两相望，又彼此重叠，还能够相互吸引。两座建筑在空间上相呼应，视觉艺术馆中水平与垂直孔洞的结合不仅是之前设计的延续，更是一种进化（图13）。

图12

图13

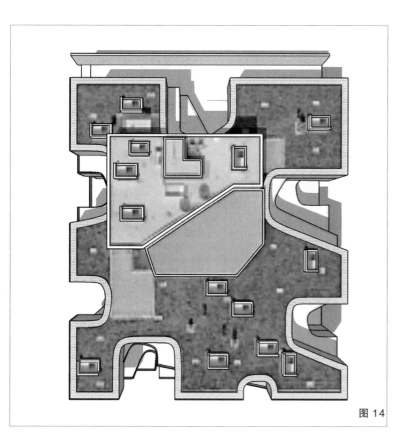

图 14

三、建筑四周的其他孔

建筑四周的这些孔其实可以看作建筑四周没有封闭的边庭。与整个建筑的共享中庭不同的是，这几处边庭只能供离它最近的功能空间使用，所以边庭又被进行了一次水平划分，6个空间被划分为21个空间。这种分割方式创建了多个阳台，为户外会议和非正式的室外活动提供了空间，进一步促进了4个楼层之间的活动交流（图14、图15）。

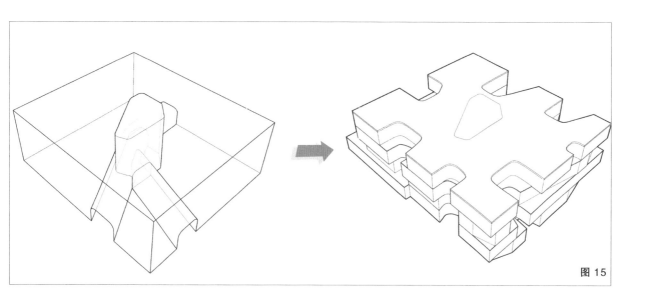

图 15

这些孔不仅增加了活动空间，还增加了采光面。那些有竖向条纹的墙面，看似为实墙，实则是半透明的采光板，它们使每一个边庭都成为一个多重采光中心和社交活动场所（图16～图18）。

图 16

图 17

图 18

四、多个透明度不断变化的孔

这其实就是建筑中各种各样的窗户。这个建筑用窗户"玩"光的方式很
能体现霍尔的设计特点，下面就来介绍四种透明度不一样的"孔"。

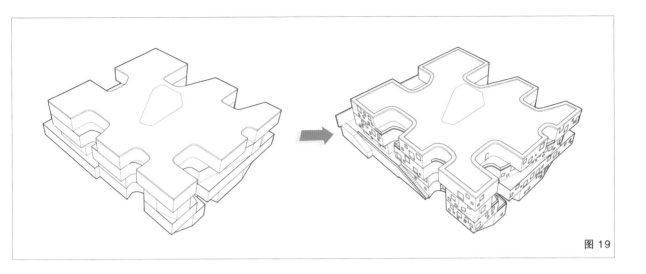

图 19

1. 玻璃窗（透明度 100%）（图 19）。这个概念源自门格海绵，其应用
始于荷兰 Sarphatistraat 办公室，已成为霍尔的标志之一。

2. 玻璃窗 + 穿孔板（透明度 70%）。出于遮阳的考虑，这种形式的开窗
只出现在建筑的东南侧和西南侧（图 20、图 21）。

图 20

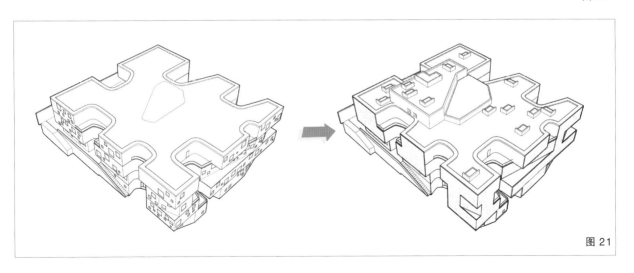

图 21

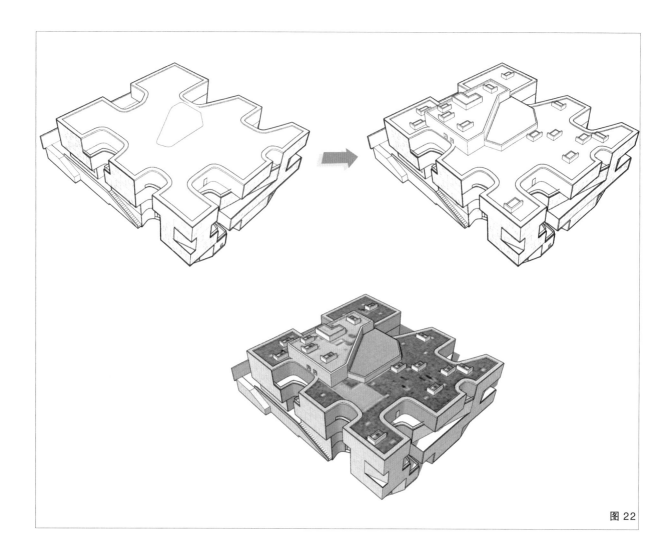

图 22

3. 天窗（透明度 50%）。

4. 边庭的采光板（透明度 30%）
（图 22、图 23）。

图 23

图 24

霍尔不止一次运用多种多孔材料来改善建筑的光环境，"因为多孔材料具有的多层次的特点——无论是室内穿孔的胶合板或铝板，还是室外穿孔的铜板，从而使光线跳跃在建筑物不同的层次之间，在室内外形成了不断变幻的多彩空间。在夜间，光线会从厚重的色块之中投射出来。"[1]（图 24、图 25）。

建筑拆完了。虽然霍尔是不是这么想的，我根本不知道，什么现象学、分形几何我也没搞懂，但我学会了怎样在建筑里面开孔。这听起来一点儿也不高级，却有可能帮我在投标中脱颖而出。

拆房，拆的是建筑，学的是方法。苦读也好，"误读"也罢，最重要的是要学会一种能用的方法，不是用来忽悠别人，而是用来提高自己的方法。这个方法或许不是真理，却是你独门的制敌武器。

有些事，你可以骗全宇宙，却不可以骗你自己，比如，学习。

图 25

① 此段话原文为 "Due to the multiple layers of porous materials-from the perforated plywood and aluminum of the interior to the perforated copper of the exterior-light is bounced between the building's layers, forming a mutable 'chromatic space' between the inner and outer layers. At night light will project in thick floating blocks of color." (Steven Holl, *Parallax*, New York: Princeton Architectural Press, 2000, p167.)，中文为作者所译。

如何用 4 步创造出 29 种空间形式

帕帕洛特儿童博物馆——MX_SI 建筑事务所、SPRB 事务所

位置：墨西哥·墨西哥城

标签：模块，多样性

分类：博物馆

面积：17 500m²

图片来源：

图 1 ~图 3、图 23 来源于 https://www.gooood.cn，其余分析图为非标准建筑工作室自绘。

有句话说得好：“这个世界的进步是由懒人推动的。”懒人不愿意走路，于是有了汽车；懒人讨厌洗衣服，于是有了洗衣机；懒人痛恨做饭，于是有了快餐。我们也要感谢“懒人”发明了 SketchUp 和 CAD——否则，我们连坐着画图都不可能实现。

其实人人都是希望偶尔能偷懒的，这没什么不能承认的。建筑师也是如此，谁不希望能通过一种简单的方式，创造出一个并不简单的空间效果呢？今天就教给大家一个 4 步空间生成法。4 步之后，保证你得到 20 种以上的空间形式。

看下面这个方案，空间是不是设计得相当丰富了（图1~图3）？而且每个空间貌似都挺好的。

图 1

图 2

图 3

这是由巴塞罗那的 MX_SI 建筑事务所和墨西哥的 SPRB 事务所合作的帕帕洛特儿童博物馆。当然，前面仅仅是官方透露的方案图纸。经过我们拆解建模之后发现，整个建筑全貌应该是如图 4 所示的样子。

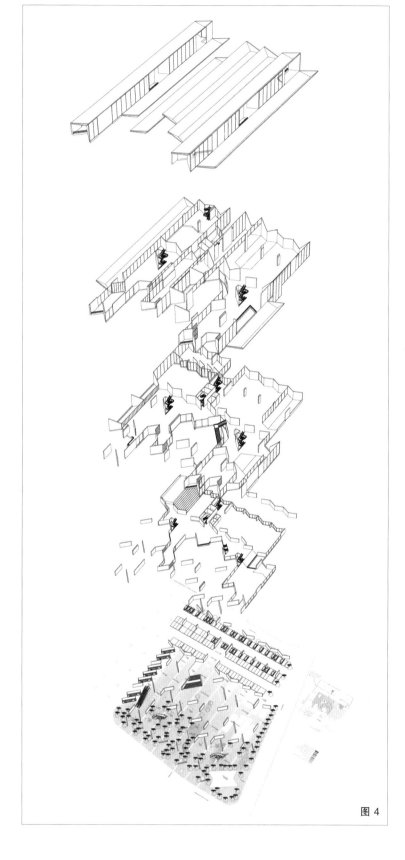

图 4

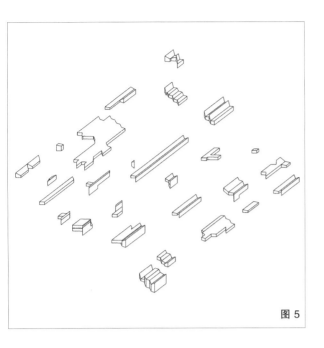

图 5

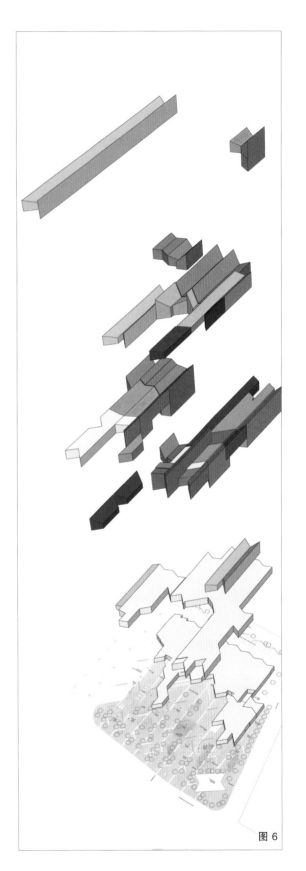

图 6

经不完全统计，该方案的内部空间至少有 29 种形式（图 5），而这些"七零八碎"的空间叠起来之后如图 6 所示。

那么，问题来了，如果做个类似的方案需要多久？勤劳勇敢的同学们是不是已经开始默默盘算着要熬几夜了？但与你要熬几夜息息相关的另一个问题是：这么多的空间形式是不是都需要单独设计？

我们知道，好的空间往往由一个简
单的生成秩序推导产生，而更好的
空间则由一个以上的秩序叠加而
成。所以，当我们观察这个方案的
平面图时，不难发现：平面的生成
存在着两种不同的秩序——正交与
斜交，并且它们相互叠加（图7）。

那么具体该怎样操作？知道了原
理，方法其实很简单。

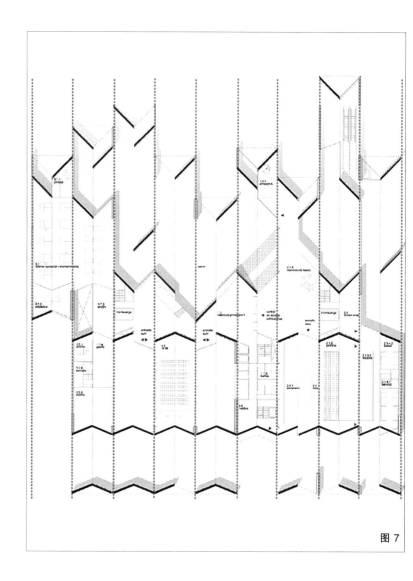

图7

第一步：

根据建筑体量构建正交体系。网格
的尺寸按照建筑体量选择性设置，
该方案定为 10m（图 8）。

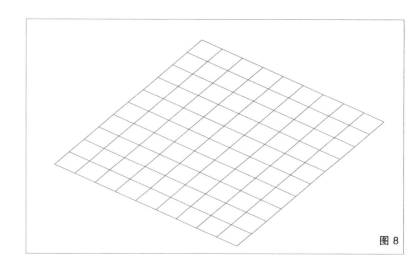

图8

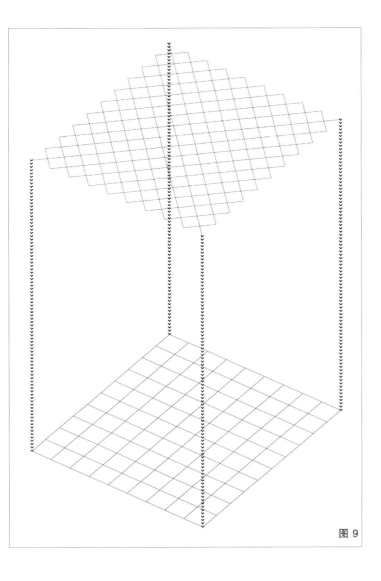

第二步：

建立斜向 45° 体系，并将其与正交体系叠合（图 9、图 10）。

至此，"神器"制作完成，该提着它去"打怪"了。

图 9

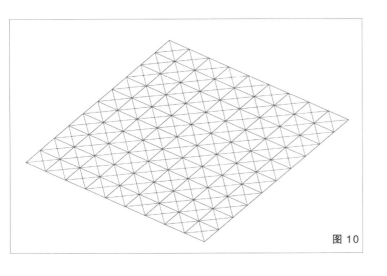

图 10

第三步：

根据叠加体系（主要是斜向体系），
生成墙体。在生成的"墙阵"中抽
去部分墙体，形成各种空间形式。
在这里，沿街一侧布置较为灵活
的活动和展示空间，另一侧则主
要布置教室和报告厅等规整空间
（图 11 ～图 14）。

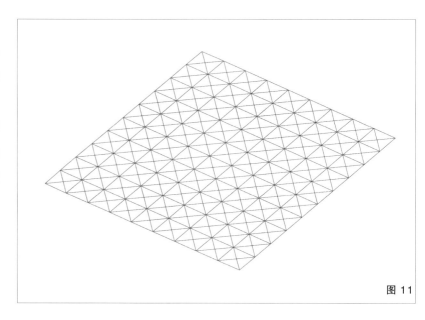

图 11

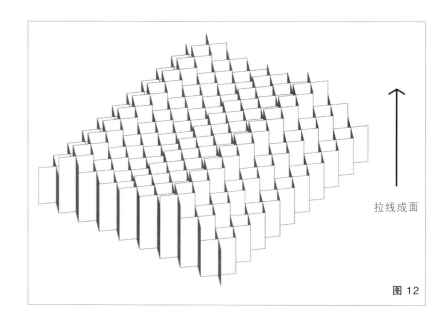

拉线成面

图 12

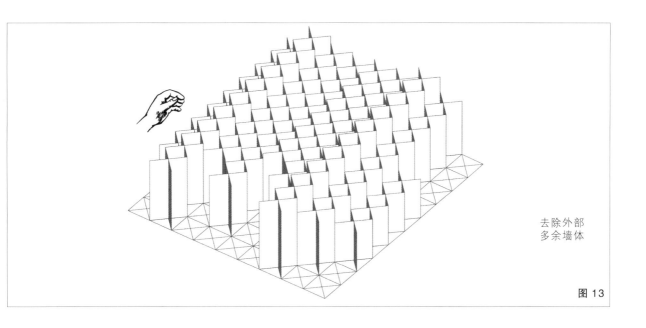

去除外部
多余墙体

图 13

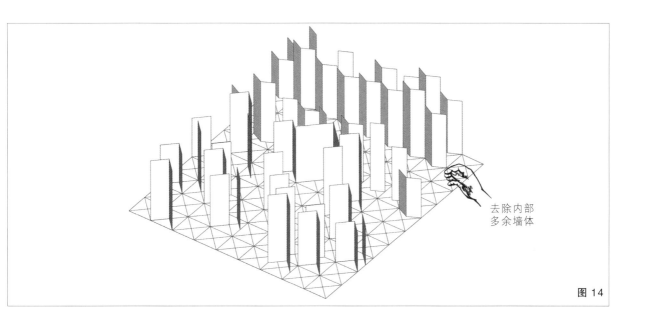

去除内部
多余墙体

图 14

第四步：

继续生成楼板，而后掏出需要挖空的竖向空间。竖向空间主要集中在靠
近广场的部分，以入口贯穿各层的垂直空间为中心，在四周零散布置贯
穿两层的通高空间（图 15 ~ 图 20）。

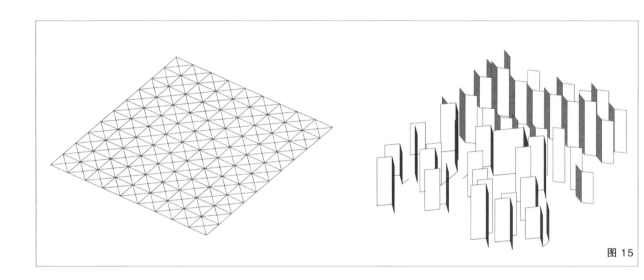

图 15

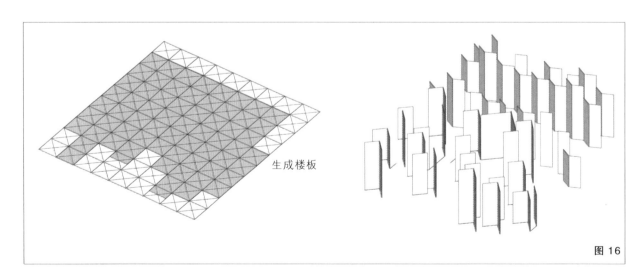

生成楼板

图 16

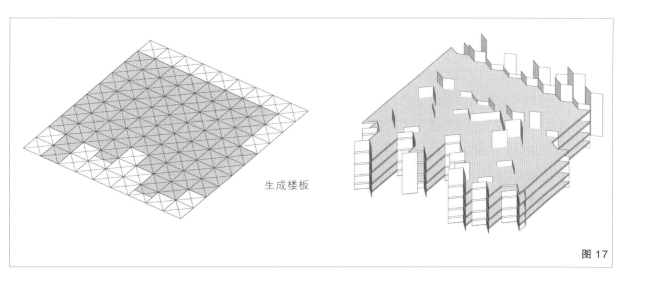

生成楼板

图 17

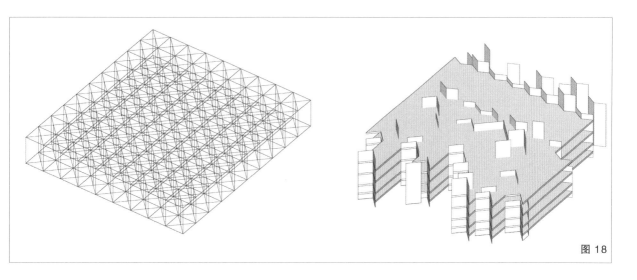

图 18

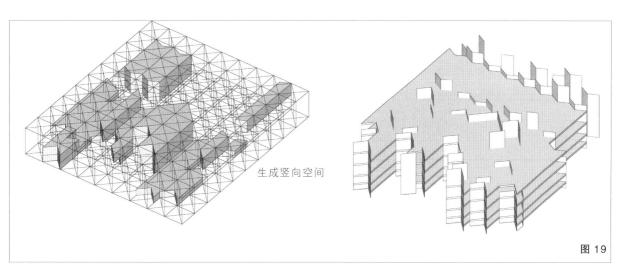

生成竖向空间

图 19

至此，全部偷懒过程结束。仅仅需
要4步，你就创造了29种空间形式。
不信你数数。

当然，为了完善设计，我们还需
要第4.5步，即增加外围护结构
和部分内部横向墙体（图21、
图22），最终的剖面如图23所示。

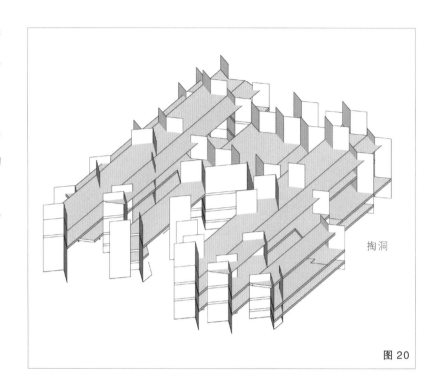

掏洞

图 20

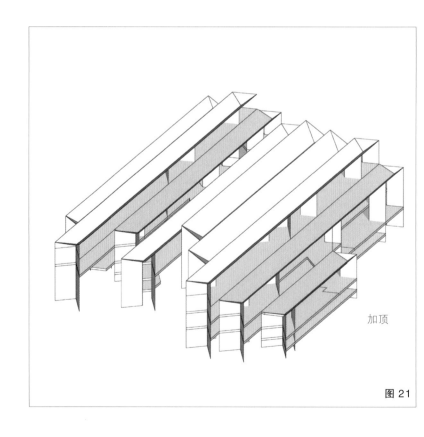

加顶

图 21

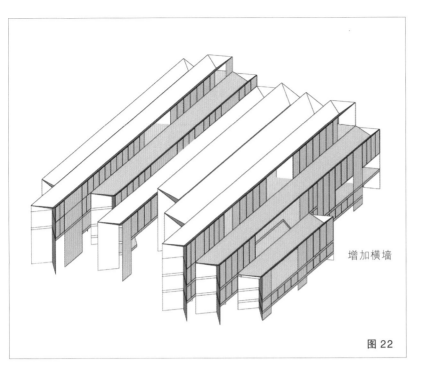

增加横墙

图 22

现在你应该可以感觉到，设计所体现出来的空间复杂性并不等同于设计手法的复杂性。优秀的设计方案往往都是通过简单的手法一步步推导，抑或是若干个秩序叠加形成的。看似无关甚至矛盾的两种秩序，如果通过合理的叠加，就能在对立统一中和谐共生，达到意想不到的效果。

简而言之，大道至简，设计也是如此。

图 23

怎样创造一种建筑语言

丹佛美术馆——丹尼尔·里伯斯金

位置：美国·丹佛
标签：不规则，反重力
分类：展示建筑
面积：13 563.84m²

图片来源：
图 1 ~图 19、图 22 ~图 26、图 32 来源于 https://libeskind.com/work/，
图 20、图 21 来源于 http://www.chla.com.cn，图 33 来源于 Google Earth，
其余分析图为非标准建筑工作室自绘。

建筑是一门语言。学建筑就像学语言，要多背单词（形式、手法）才能看得懂报纸，写得好作文。那么问题来了，在我们漫长的学英语的"血泪斗争史"上，我们最怕的是什么？对，就是专业词汇。这些不知道是哪位"大神"生生造出来的词儿，绝对让你借个脑袋都猜不出是什么意思。我好像看到某些英语"学霸"轻蔑地笑了，好吧，那请你来告诉我，下面这个单词是什么意思？

Hepaticocholecystostcholecystntenterostomy。

这是一个外科术语，即在胆囊与胆管之间或肠子与胆囊之间接人工管子的手术。传说最长的英文单词是一个由1913个字母组成的词，意为"色氨酸合成酶 A 蛋白质"，有兴趣的同学请自行查找。

同理，在建筑中，我们最难理解的也是那些建筑设计师自己造的词。下面这位"大神"就是建筑界的"造词"专家——丹尼尔·里伯斯金。这次我们鼓足了勇气，把难倒无数考生的丹佛美术馆拆给你看（图1）！

刚刚说了，建筑是一门语言。那么，如果丹佛美术馆是一篇阅读理解，我们该怎样去做呢？

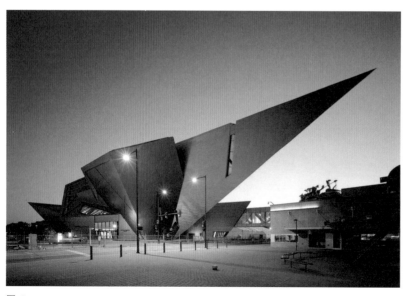

图 1

图 2　　　　　　　　　　　　　　　　　　　　图 3

图 4　　　　　　　　　　　　　　　　　　　　图 5

图 6

Questions 1 to 3 are based on the following passage. （根据以下段落回答第 1 题至第 3 题。）

Denver Art Museum(丹佛美术馆)
Outdoor （室外）（图 2、图 3）
Indoor （室内）（图 4 ～图 6）

我猜你通篇（全部图文）阅读下来，只看懂了题目 Denver Art Museum 和两个单词 Outdoor、Indoor。

那里伯斯金老师到底说了些什么呢？别急，我们先来看问题。

1. What kind of space is the building expressing？（这个建筑表现了哪种类型的空间？）
2. How can we get a space like this？（我们怎么才能做出一个类似的空间？）
3. What does the space bring to people？（这种空间可以为使用者带来什么？）

既然从实景照片中读不出答案，那让我们运用常规读建筑的方式来看一下（图 7 ~ 图 14）。

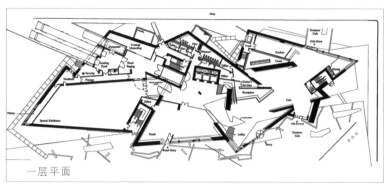

一层平面

图 7

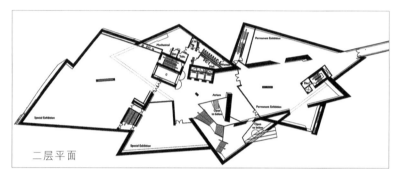

二层平面

图 8

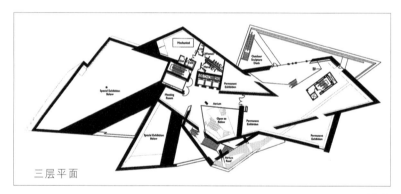

三层平面

图 9

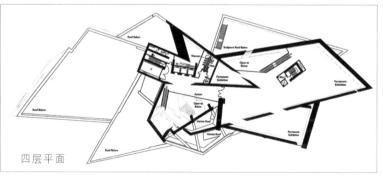

四层平面

图 10

东立面图

图 11

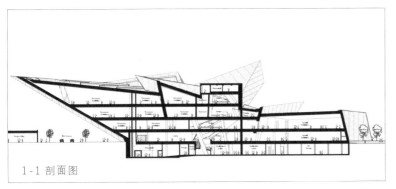

1-1 剖面图

图 12

2-2 剖面图

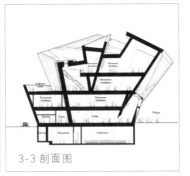

3-3 剖面图

图 13　　　　　　图 14

我们阅读建筑的常规方式就是通过平、立、剖三种图示在脑海里建立建筑空间形象。然而，在里伯斯金老师的阅读理解中，我们即使找到了所有的平、立、剖面，却依然读不出其建筑生成的逻辑来。那是因为，我们习惯的平立剖读图法实际上是建立在笛卡尔坐标体系下的一种阅读建筑的方式，也就是说一旦脱离了X、Y、Z三个轴向，就无法再对一个物体做准确的描述了。这就是说，你做了半天的阅读理解压根儿就不是用英文写的，而是用里伯斯金老师自己发明的一种语言写的。

我们为什么说他自己创造了一种语言？一是因为他可以自己"造词"，二是因为他有自己独特的语言组织逻辑。

一、造词

在里伯斯金老师的语言系统中，很少有传统意义上的建筑词汇，甚至有很多与传统建筑美学相悖的词汇（图15~图17），轴线、秩序、均衡、稳定等都是他批判的对象。我们来看看他的语言系统中最常用的几个词。

图 15

图 16

图 17

1. 不垂直的墙体

这一点我们以前提到过，就是"能斜着绝对不正着，能歪着绝对不直着"。在丹佛美术馆中，甚至不得不另设垂直展墙，或者用适应斜墙面的展览方式来化解这一矛盾（图18、图19）。

2. 不规则的结构体系

从其不规则的形体中很容易就可以判断出来，规整的结构体系是不足以支撑这样复杂的形体的。我们从其平、立、剖面当中，也很难寻觅到有规律的结构体系的蛛丝马迹。在这里，柱子、梁和墙体一样，都是斜的。

图18

图19

3. 自由设置的门窗

从门窗的设置来看，它们并没有遵从结构形式，像以往那样成为结构体系的填充物。在里伯斯金的作品当中，门窗不再受任何因素的限制，可以在建筑的围护结构上任意设置。在这里，它们的作用仅仅是为形式服务（图 20～图 23）。

图 20

图 21

图 22

图 23

图 24

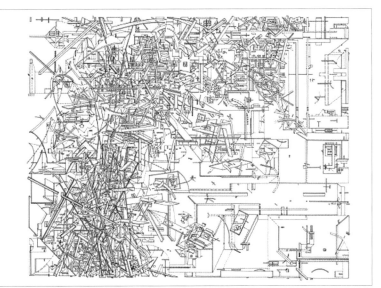

图 25

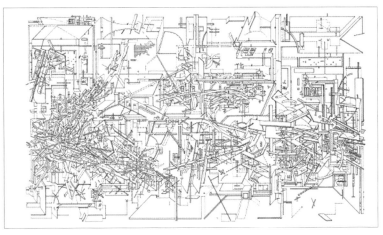

图 26

4. 冰冷的金属表皮

银白色的金属表皮几乎成了里伯斯金的专利。他用这样单一、冰冷，甚至"麻木不仁"的材料包裹整个建筑，就是为了让人们的注意力集中在其夸张的建筑形体上（图 24）。

当然，这些词汇也不是凭空被创造出来的，而是来源于里伯斯金对立体派绘画的执念，在他的名为"微显微"的系列绘画作品中，我们可以窥见他的这一系列手法的原型（图 25、图 26）。

然而光有词汇是不够的，要创造一门语言，更重要的是要有语法，也就是独特的语言组织逻辑。

二、语言组织逻辑

要讲清楚里伯斯金的语言组织逻辑，就要先搞明白里伯斯金的方法和我们常规的方法到底哪里不一样。

第一步：多轴线的随机生成，创造一个不规则的基底（图27、图28）

按照常规做法，我们做方案的第一步就是根据场地周边的城市肌理找到一条主要的轴线，然后根据这条轴线以及建筑的性质来形成方格网状的柱网体系。生成这样的柱网体系，一方面可以为下一步排布功能房间提供依据，另一方面也可以形成一个规整的结构体系。然而，没有比较，就没有伤害，我们来看看里伯斯金是怎么做的（图29）。里伯斯金的视野要比我们普通人大得多，他可以在整个城市，甚至整个国家的范围内为他的建筑寻找轴线关系，无论什么元素，都能和他的建筑扯上关系，进而作为其建筑体块生成的最初依据。这个手法他不止一次用过，在菲利克斯·努斯鲍姆博物馆方案中，他甚至在整个欧洲范围内寻找轴线关系。

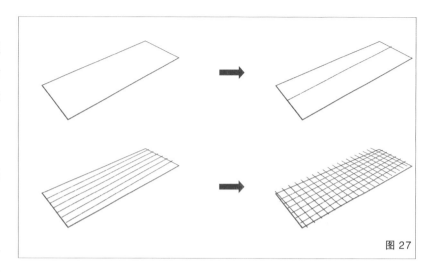

图 27

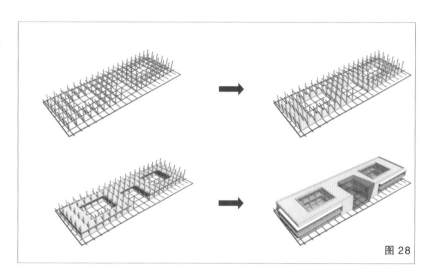

图 28

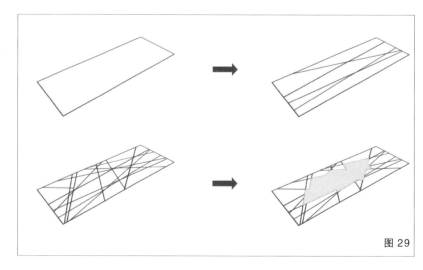

图 29

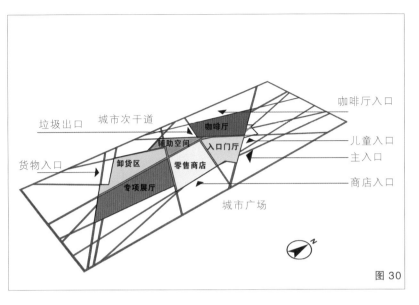

图 30

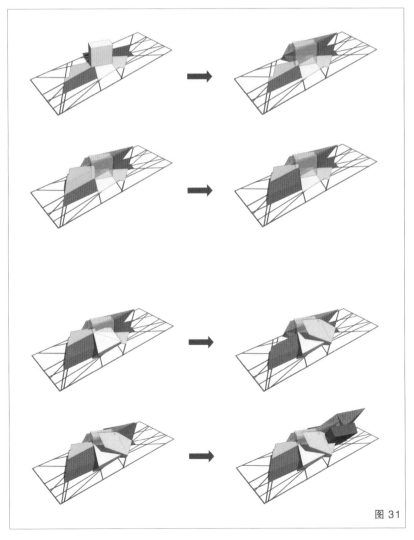

图 31

第二步：运用反重力原则，生成建筑体块（图 30）

首先，让我们来看看在不规则的基底里面，里伯斯金安排了哪些功能。场地的东侧比邻城市广场，参观的人多从这里进入建筑，因此在这个方向开设了主入口、商店入口以及儿童入口。西侧为城市次干道，可以将货物入口、垃圾出口设置在此处。这样，在一层临近各个出入口的位置就可以分出来 6 大区域，分别是入口门厅、零售商店、咖啡厅、专项展厅、辅助空间以及卸货区。在这一步，里伯斯金和一般建筑师的做法并无二致，但接下来他就要"放大招"了——反重力大法。

建筑形体方面的反重力，其实就是消除体量给人们带来的稳定感。在人们的常规认识里，在重力环境下，金字塔形的体量是最稳定的，其次是垂直元素组成的体量。而里伯斯金的做法就是用各种方法打破稳定，以此来表现建筑的张力。在这个操作过程中，我们查阅了大量的资料，并可以负责任地表示，那些夸张体量的生成是没有明显的理性依据的，更多的是靠里伯斯金对形体的超然感知能力。这些形体变幻莫测，似乎只是里伯斯金为了了解自己内心而产生的自我满足，并没有任何技能与功名的追求（图 31）。

第三步：运用折纸手段，将体量进行整合

在这里要澄清一点，上一步操作仅仅是为了让大家看得清楚，所生成的
体量只是很接近最终的结果。然而在真实的设计过程中，随机性的操作
想要一下子达到最终的结果几乎是不可能的。这就需要为这些已经生成
的不规则形体加一道约束，使其具有一定的逻辑，于是就有了下面这张
折纸图（图 32）。这张图说明的并不是如何用折纸的方式来为形体加上
这道约束，它是一个立面的展开图，作用是将我们刚刚生成的不规则体
块联系在一起，让彼此之间有更直接的联系。

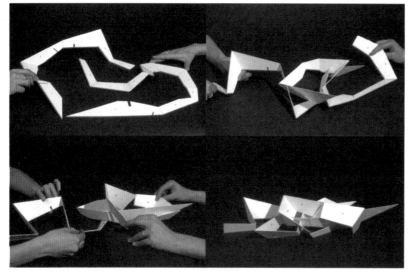

图 32

图 33

图 33 左边蓝色框的部分是由里伯
斯金设计的 7 层住宅，相比之下，
红色框内的丹佛美术馆的体量是何
等巨大。然而在这座美术馆里面，
竟然没有任何可以称得上柱子的构
件，所有的支撑构件都隐藏在了之
前的折纸体系当中。当然，疏散楼
梯间也起到了很好的支撑作用。

在这里，楼板也参与了整个结构体系当中。通常，在框架结构的体系中，楼板主要承受来自水平方向的荷载，施工的时候多是将预制混凝土板搭接在梁柱之上，而没有参与到整个结构体系当中。然而，在丹佛美术馆中，楼板起到了水平拉结的作用，与折纸体系形成强有力的连接，为折纸体系提供了一个向内的水平力，使其不至于倾覆。这样，折纸体系中的斜墙、垂直的交通核以及水平楼板就组成了完整的结构体系，除此之外，再无别的构件参与其中（图34、图35）。

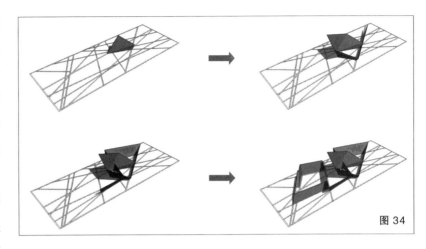

图 34

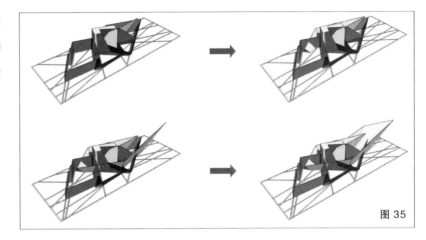

图 35

第四步：空间优化

当有了建筑的主体形象和足以支撑这个形象的结构体系之后，里伯斯金便开始对建筑的内部空间进行精雕细刻，其手法就是在保持原有结构完形的前提下，加上人们行走的路径。

这篇文章似乎长了许多，只是为了将里伯斯金的设计步骤讲清楚，不得不出此下策，希望读者能够耐心地读到这里。在我们所处的高速建设的时代，我们仿佛为了高速而简化了许多设计中有趣的过程。用我们习惯了的排柱网、排功能、做立面的工作流程，似乎这种规模的博物馆方案我们一天能出不下10个。但是，如果认真对待每个设计步骤，再加上自己的深入思考，似乎我们在每一个设计环节都可能创造奇迹。在里伯斯金的作品当中，每一个步骤都有其独特的见解和实现手段，这些见解和手段完全源于他对其他艺术形式的研究和理解，可以说他的整个设计过程是从一个奇迹走向下一个奇迹。换句话说，就是"没有困难，制造困难也要顶上"。最后，向丹尼尔·里伯斯金老师表示深深的敬意。

建筑学魔咒"一看就会，一做就废"怎么破

日本工学院射箭馆——FT 建筑师事务所

位置：日本·东京
标签：木材，建构
分类：体育场馆
面积：106m²

食材之家——加利福尼亚大学伯克利分校（UCB）建筑学系、隈研吾建筑都市设计事务所

位置：日本·北海道
标签：层积材，梁柱
分类：景观建筑
面积：85.4m²

图片来源：
图 1 来源于 http://www.ideamsg.com，图 2、图 22 来源于网络，图 4 ~图 8、
图 23 ~图 26、图 33 来源于 https://www.gooood.cn，
其余分析图为非标准建筑工作室自绘。

建筑学有个魔咒，几乎每个小伙伴都逃脱不了。这个魔咒简单来说就是 "一看就会，一做就废"，也被称作 "我为什么还不是大师" 的诅咒。

有些时候，这个世界会让你很沮丧。

以建筑师隈研吾的 GC 口腔医学博物馆为例（图 1），这不就是复制粘贴木头格子吗？有什么难的？我看到很多人已经开始摩拳擦掌，考虑着怎么把这个玩意儿借鉴到自己的设计方案中去了，毕竟这种"小东西"性价比还是很高的，随意一加，操作简单又容易出彩。可是，即使是这种"小东西"，依然逃不脱"一做就废"的魔咒！来来来，回回神，和我一起念：这个"小东西"它不承重！

图 1

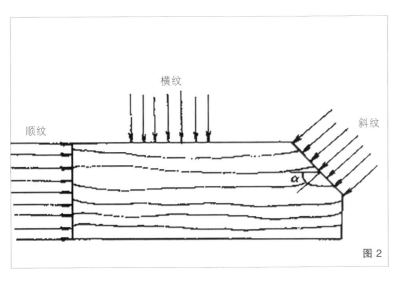

图2

由于木材是一种天然的多孔复合材料，具有明显的各向异性，即顺纹压缩的强度极限要比横纹压缩的强度极限大得多（图2）。

所以，很不幸地通知你，采用这一节点做法时，无论A、B、C中的哪一根杆件作为竖向受压杆，在交接处实际发挥顺纹抗压作用的部分大约都只占其横截面的四分之一，并不能充分发挥木材的抗压性能（图3）。同时，如果要加大竖向杆件的尺寸，则其他两根杆件的横截面也要相应增大（这种构造方式的三根杆件横截面须为全等正方形），那么在不改变杆件长度的情况下，整个构件就会显得"浮肿"，难以体现出空灵、通透的木质晶格的感觉。也就是说，这位"素颜女神"就是个"花瓶"，给它太多的压力是万万不行的——它会崩。

另外，这种构造方式要求横竖杆件必须粗细相同，虽然说隈研吾可能是故意要追求这种均质的效果，但是我们想要借鉴这种方式的话，统一的尺寸肯定适应性不强，而且如果限制条件这么多，在设计中运用起来总是有点缩手缩脚的。

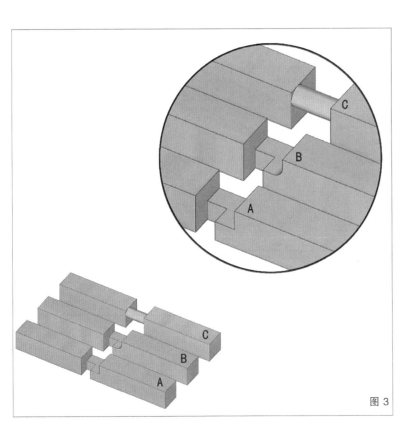

图3

不过大家不要着急，因为建筑学还有另一个魔咒，那就是"凡是我做不到的事儿，别人总能做到；凡是我做得到的事儿，别人早就做到了"。所以，虽然隈研吾的木头格子不能承重，但还有很多木头格子是能承重的，如下面的日本工学院射箭馆（图4～图8）。

图 4

图 5

图 6

图 7

图 8

由 FT·建筑师事务所设计的位于东京新宿的日本工学院射箭馆也采用了晶体方格式的构成方式。隈研吾的构件单元满布于一个三层高的长方体内，这样做主要是为了强调室内空间的均质和通透。而日本工学院射箭馆为单层建筑，建筑师只在顶部加以装饰，且屋顶为坡顶形式，所以将一个三向均质的构件放置于一个顶部截面为三角形的紧凑空间内显然是不太合理的——构件本身只是建筑的附加之物，其通透感难以得到表达，整个顶面只能被纳入后期装修的范畴。所以，在这种形式的空间内，要充分表达出构件本身的主体性，我们需要的是一个非均质化且带有方向感的构件（图9）。

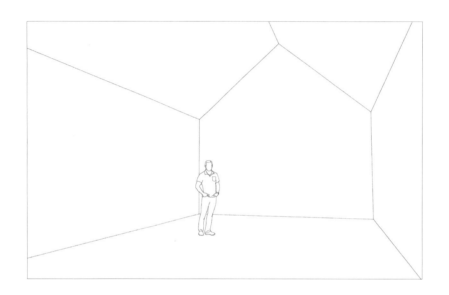

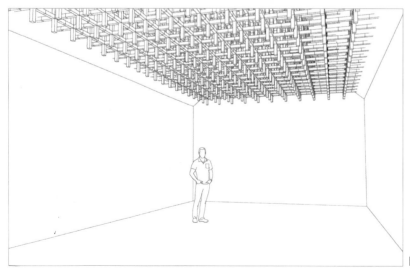

图 9

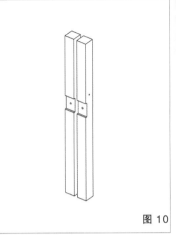

图 10

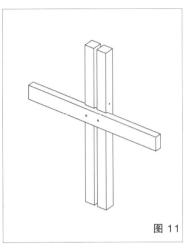

图 11

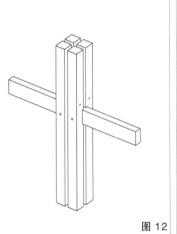

图 12

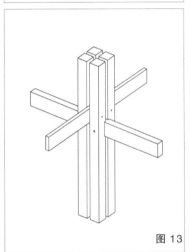

图 13

一、节点构造

十字交叉部分的竖向构件由四根杆件组成。水平向平行于山墙面的杆件两侧各有四分之一嵌入竖向杆件的凹槽处，并由木钉固定。垂直于山墙面的杆件嵌入缝隙，同样用木钉将其与竖向杆件固定。这样，三向杆件就可以采用完全不同的截面尺寸，且四根拼合的"竖柱"增加了竖向的线条，强调出了向上的动势（图10～图13）。"竖柱"与垂直于檐墙的杆件及屋顶结构相连（图14～图17）。

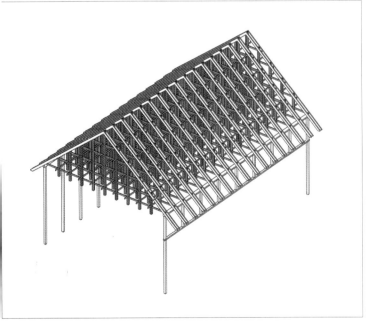

图 14

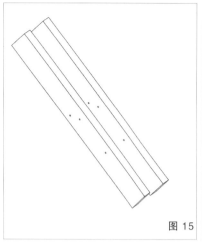

图 15

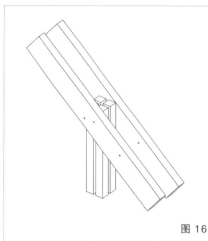

图 16

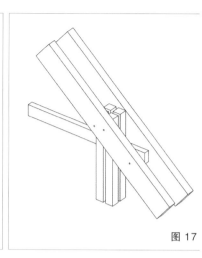

图 17

二、整体构建方式

1. 搭建檐墙承重结构（图 18）。

2. 在地面标高处搭建山墙面构架，而后将其吊装至檐墙之上（图 19、图 20）。

3. 利用通长木构件沿檐墙方向将山墙面构架串联起来（图 21）。

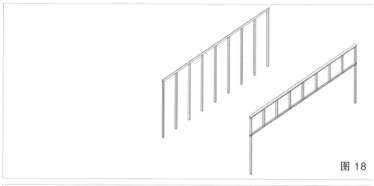

图 18

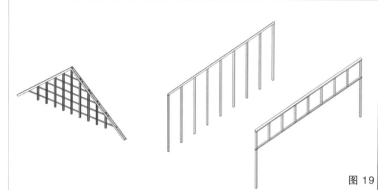

图 19

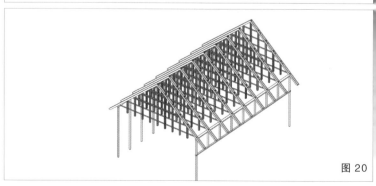

图 20

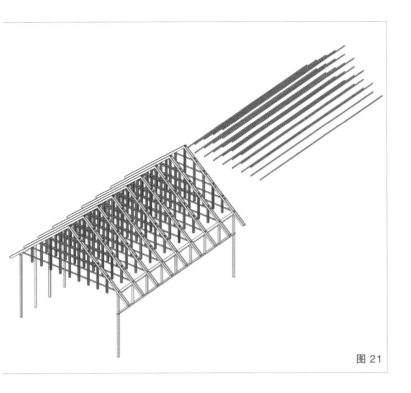

图 21

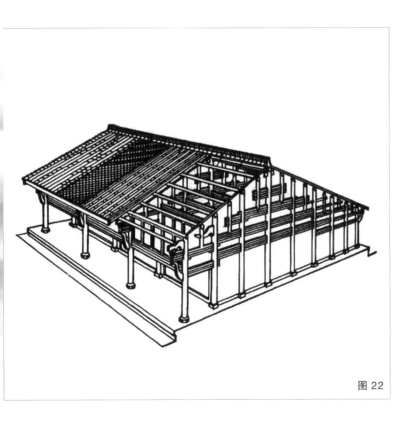

图 22

这个顶架的构成方式形如传统的穿斗式木构架，不同的是，穿斗式的柱子是靠穿透柱身的穿枋横向贯穿起来，从而组成一榀构架（图 22），每两榀构架之间使用斗枋和钎子连在一起，形成一间房间的空间构架。而在这一构成方式中，四根竖向构件形成的"竖柱"则悬挂于屋顶，自身主要承担抗拉作用。在选材上，日本工学院射箭馆和 GC 口腔医学博物馆一样，均采用了日本桧木。（日本俳文集《鹑衣》中有一句"花属樱，人乃武士，柱乃桧木，鱼乃鲷"，其中便提到了物之佳品——桧木。桧木一般是指红桧和扁柏，因桧木富含芬多精，耐腐蚀，会散发香味，纹路美丽，质地良好，故常用作木构建材。桧木平均气干密度约为 0.44g/cm³，偏轻软，价格相对低廉，小头直径为 10cm 的原木市价约为 50 元/m³）。

这些木材只在水平和垂直方向上相交，体现出现代主义的纯洁性。木结构只采用螺栓和螺母固定，这种简单的一致性便于施工，能达到相对较高的完成度。

隈研吾大概也意识到了木头格子的
问题，于是在后来的项目中进行了
改进。

食材之家是 UCB 建筑学系与隈研
吾建筑都市设计事务所的合作作
品，是一个供北海道社区居民聚集、
烹饪、享用当地美味食物的公共空
间（图 23 ~ 图 26）。

图 23

图 24

图 25

图 26

与之前两个案例不同的是，该案例的木头格子起到了主要的承重作用。GC 口腔医学博物馆的竖向杆件顺纹受力存在偏心问题，一般用于自承重的情况。日本工学院射箭馆的十字构件中的竖向杆件主要承受杆件 A 与杆件 B 向下的拉力（图 27），如果杆件 A 上受到额外的压力作用，则压力会顺着杆件传到固定木钉以及杆件 B 之上，进而造成杆件 B 从竖向杆件连接处脱落。而在这个案例中，整个建筑体系主要由中间 9 根竖向构件承重，将水平向构件向外挑出一跨，并用较细的竖向杆件沿外围加固（图 28）。

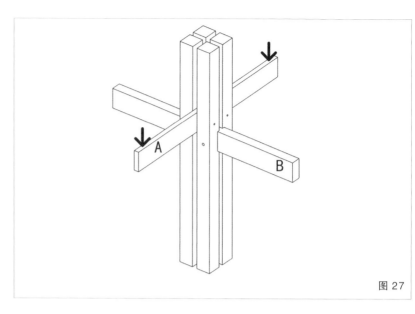

图 27

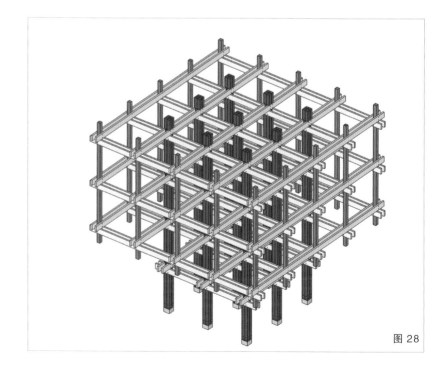

图 28

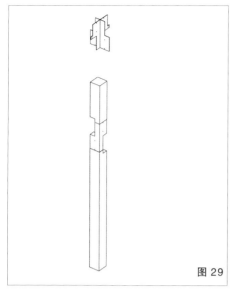

图 29

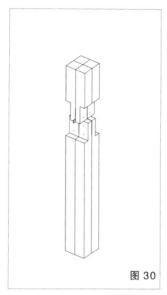

图 30

由于小断面木构造在日本十分盛行，而美国常见的大断面木构造（heavy timber construction）工法在日本的跨国技术转移门槛很高，因而产生了将小断面木材结合成较大断面的复合柱工法（图 29 ～图 32）。

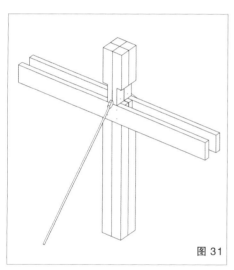

图 31

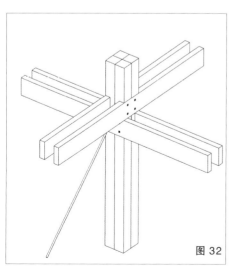

图 32

即便如此，竖向杆件仍存在缺口，断面交接处的有效顺纹受力面积仍为横截面的四分之一，但是其他两个方向杆件的横截面尺寸不受限制，建筑师可以根据需求选择断面比例和尺寸。从整体来看，复合柱四面受力较为均衡，不存在偏心问题。

四根竖向拼合杆件的材料均采用了原木，而横向和纵向的梁构件则采用了胶合木以节约成本并提高其抗弯性能（图 33）。

图 33

梁构件采用连接块与螺栓固定衔接的方式，外围的一圈竖向杆件因主要起到加强结构整体性和围护作用，仅需要自承重便可，所以可直接嵌在梁构件形成的"井"字形卡口中，并用螺栓锚固（图 34 ~ 图 36）。

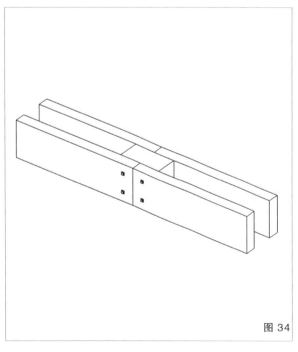

图 34

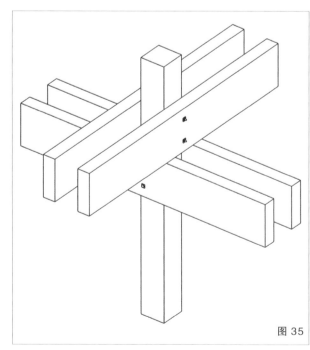

图 35

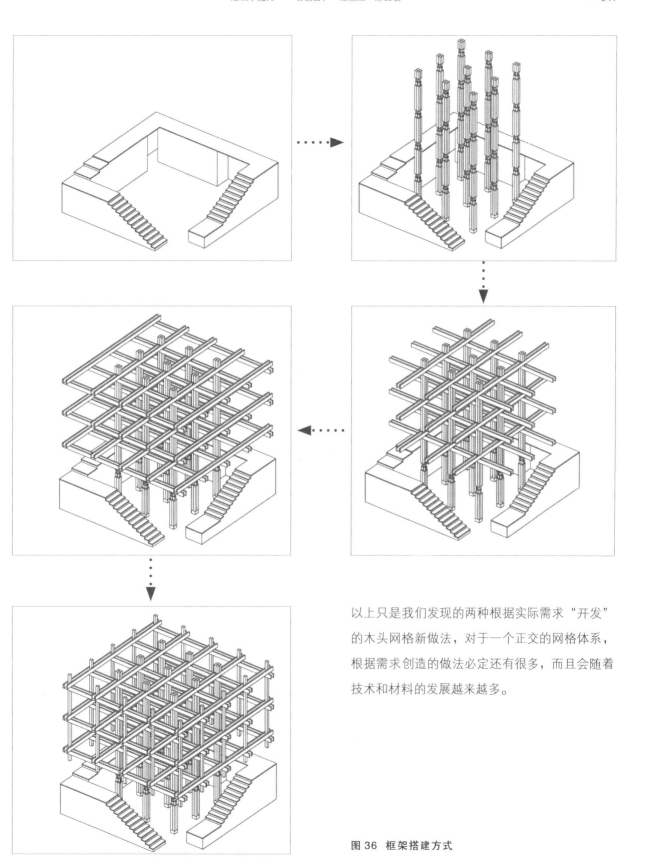

以上只是我们发现的两种根据实际需求"开发"的木头网格新做法，对于一个正交的网格体系，根据需求创造的做法必定还有很多，而且会随着技术和材料的发展越来越多。

图 36　框架搭建方式

如何理直气壮地做一个"装修建筑师"

福井县日式餐厅改造——隈研吾建筑都市设计事务所

位置：日本·福井县
标签：表皮，木构
分类：餐饮建筑
面积：378.40m²

福冈星巴克——隈研吾建筑都市设计事务所

位置：日本·福冈
标签：编织，木构，十字半刻榫
分类：餐饮建筑
面积：210.03m²

Sunny Hills 凤梨酥甜品店——隈研吾建筑都市设计事务所

位置：日本·东京
标签：编织，表皮
分类：餐饮建筑
面积：297m²

图片来源：
图2、图14、图24、图35、图38来源于 https://www.pinterest.com，图1、图3、图15、图16、图22、图23、图25、图26来源于 https://kkaa.co.jp，其余分析图为非标准建筑工作室自绘。

嗯呀，好笔呀！

直以来，隈研吾在业主间和商界的声誉要高于建筑学界对其的评价。建筑界认为，相比于安藤忠雄、伊东丰雄、妹岛和世等其他同时代的日本建筑师，隈研吾的设计缺少思想性，内容略显苍白。他可以把每个建筑都设计得很美，但是这种美有点类似于穿衣打扮、涂脂抹粉，而不触及本质。若单看某一个建筑，以上的指责也不能说全无道理。但如果仔细研读隈研吾在一个时间段内的一系列建筑，我们就能发现他确实想在建筑中探讨一些问题，虽然这些问题可能还没有答案，或者其着眼点可能并没有那么宏大。

比如，他一直在思考传统木材在当代设计中的应用：人类使用木头已经有几千年了，以前是怎么用的，为什么？现在又该怎么用？有什么不一样，又为什么不一样？这的确不是什么要紧的问题，不解决、不回答也不会影响当代建筑的发展走向，毕竟时代发展了，有很多东西该淘汰就淘汰吧，但隈研吾一直在努力回答。

时间回到 2008 年的 1 月，隈研吾做了个老建筑改造的活儿——福井县日式餐厅改造，这个项目用框架体系下的三层系统叠加，形成了编织交错的效果。

该项目是位于福井县的一个日式餐厅的立面改造设计，在通透的玻璃盒子外部，隈研吾增加了一层类似编织而成的木质晶格（图 1 ~ 图 3）。整个编织的晶格表皮形式建立在交叠的三层体系之上，即龙骨、外层斜框、内层斜框。

图 1

图 2

图 3

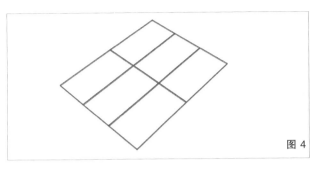

图 4

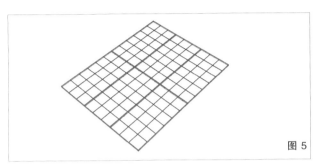

图 5

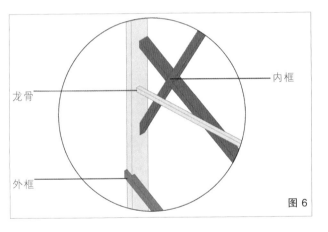

龙骨

内框

外框

图 6

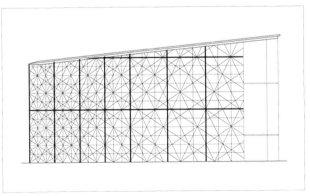

图 7

首先，根据需求确定主龙骨尺寸，并用次龙骨进行划分，再通过木钉将各个单元组连接起来（图 4、图 5）。而后在主龙骨之上、次龙骨两侧分别设置内层斜框与外层斜框（图 6）。为了使看似随机的表皮有一定的韵律感，三层体系在特定方向上的尺寸逐渐变化，叠加后即可产生一种传统日式纹样的效果（图 7）。

单元组的宽度从左向右逐渐增大（图8、图9）。内框网格布局是正交网格与水平向呈30°，并且网格尺寸逐渐变化（图10、图11）；外框网格布局是正交网格与水平向呈150°，并且网格尺寸逐渐变化（图12）。

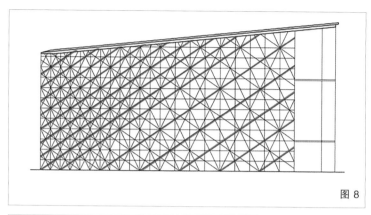

图 8

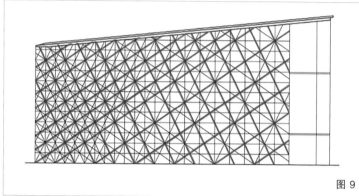

图 9

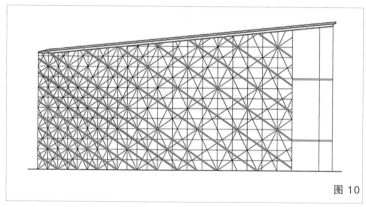

图 10

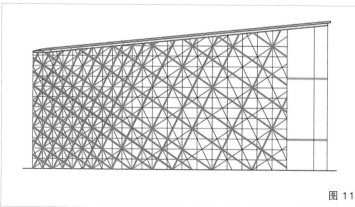

图 11

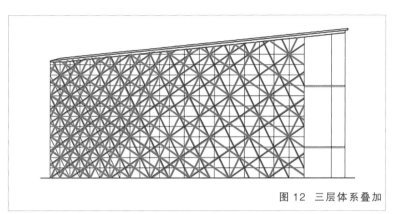

图 12　三层体系叠加

然而，内框和外框所使用的单根通长杆件并没有实质的连接。在内外框纹理确定后，将整个表皮体系根据单元组龙骨进行划分，形成若干个由龙骨和内外框组合而成的"板块"。现场施工时，仅需将板块用木钉相互连接即可（图 13）。

这一晶格体系使用的材料是木头，但构造形式上则是采用类似玻璃或石材幕墙的处理方式（先加龙骨再挂），由于整个体系都建立在较为稳固的龙骨之上，在保证了自身良好的整体性和稳定性的同时，也为外墙玻璃提供了较好的支撑。内框与外框的布置有意地在龙骨上交错，在立面上形成了类似星芒般交错编织的图案。

但是，隈研吾觉得该构造方式虽然施工方便快捷，但用在一个日本传统餐厅中似乎不太完美：编织方式并没有在建构形式上体现出"编"的特点，也没体现出木料的特有属性，貌似纯钢结构加一层仿木纹漆也可以取而代之。

对此，隈研吾不是很满意。

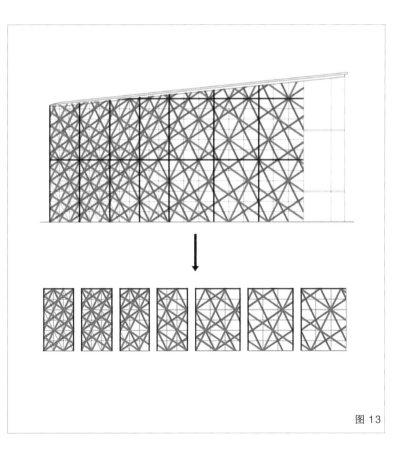

图 13

时间又来到了 2011 年的 11 月，隈研吾给星巴克在福冈的门店做了"室内装修"，采用单一元素木条进行交叠编织。

与常见的星巴克模式化样式完全不同，整个室内的"装修"均由编织的 X 形木条构成，形成了流动的有机空间（图 14 ～图 16）。在这里，隈研吾是这样"编"的。

图 14

图 15

图 16

两根杆件相接

呈 X 形交叉的连根木条通过十字刻半榫进行连接，整体与墙面呈一定倾角，并通过木钉与墙面面层（细木屑胶合板）连接（图 17）。将 X 形的交叠形式向上复制，在竖向上进行拓展（图 18）。

四根杆件相接

通过类似镜像的形式进一步形成交叠形式的单元体（图 19）。为了使四根杆件较好地连接，两组杆件的交接处分别设置了楔口（图 20）。单元体通过单一的复制、移动来覆盖更大的墙面范围，单元体与单元体之间的连接仍采用楔口卡住（图 21）。

X 形的堆叠在水平向形成了特有的高低起伏和三维秩序感，构件利用其自身良好的抗拉性能解决了自承重问题。单元体与单元体之间的连接虽过于简单，缺乏整体性和较高的强度，但十分便于装配，故这种形式可用于层高较低的室内空间或者单层建筑外墙。

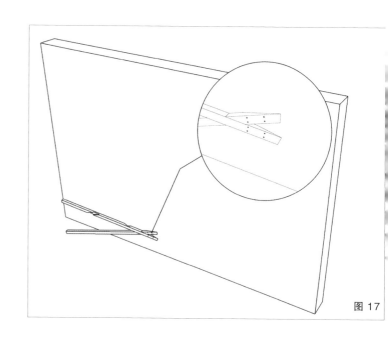

图 17

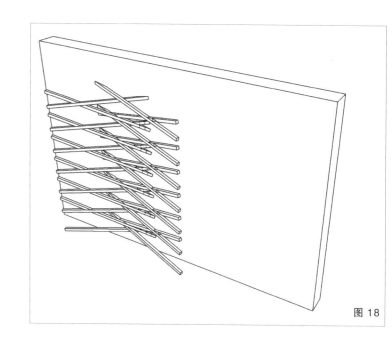

图 18

这样的形式似乎已经有了"编织"的感觉，但仍是在模仿编织韵律和肌理，在"编织"技法以及节点处理上仍与真正的编织有所不同。也就是说，隈研吾觉得"编"得还不是很完美。

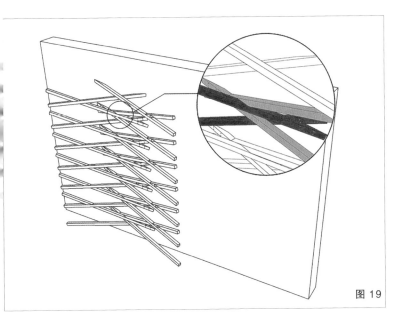

图 19

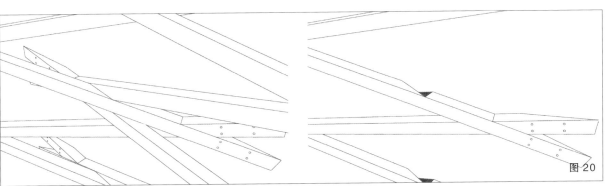

图 20

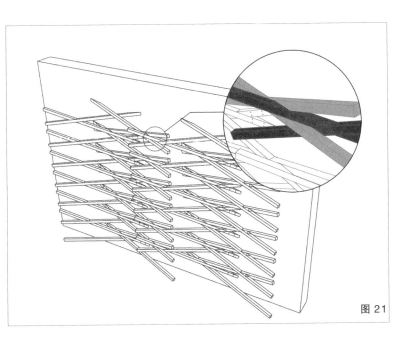

图 21

时间继续推进，到了 2013 年的 12 月，隈研吾接了个甜品店设计的活儿——Sunny Hills 凤梨酥甜品店，该项目是利用木材模仿"竹算"的编织方式。

甜品店的整个建筑都被编织而成的木格空间所包裹，营造了一种漫步在森林或者云中一般朦胧的空间体验（其实我觉得这个形式更像凤梨的外皮，如果跟甲方这么解释，是不是方案更容易被理解并通过呢？）。由于整体都采用了完整的编织方式，所以即使在杆件尽可能小的情况下，结构仍具有较好的整体性（图 22 ~ 图 26）。

图 22

图 23

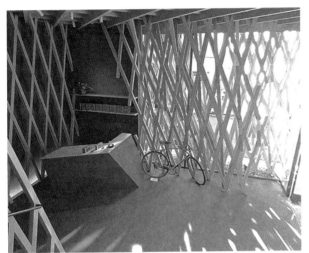

图 24

图 25

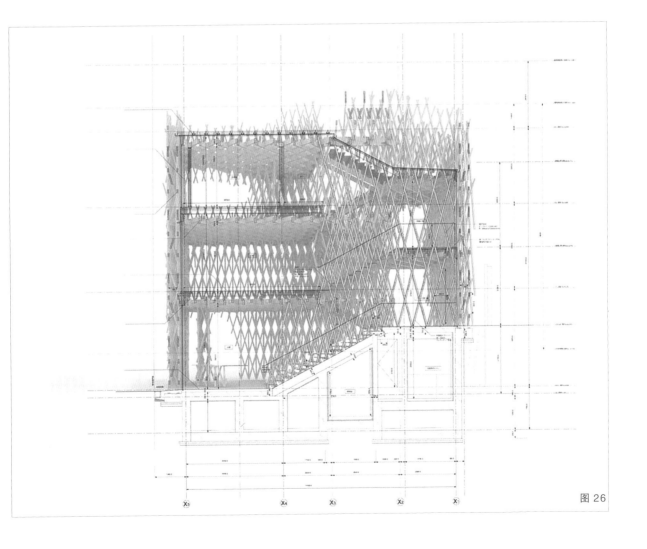

图 26

在这个项目中，隈研吾采用了一种
被称为"Jigoku Gumi"的木节点。
首先从细部看。

单根通长杆件处理

1. 由于木材规格的限制，单根木
条的长度难以达到设计的长度要
求，较长的木条需要通过木钉和连
接块进行连接（图27、图28）。

2. 在多根杆件拼接过程中，由于整
个杆件与底面呈一定交角，受重力
作用产生弯矩，为增强组合后的木
条整体的强度和稳定性，采用钉面
和榫面相互交替的方式确定节点位
置（图29）。

3. 为了更好地展现竹算的平织纹
编织效果，同时增强整个编织体
系的整体性，拼接后的杆件上的
十字刻半榫下凹处呈上下交替状
（图30、图31）。

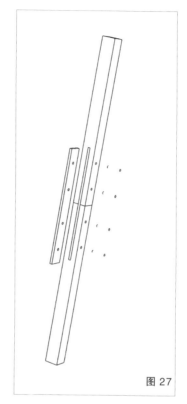

图 27

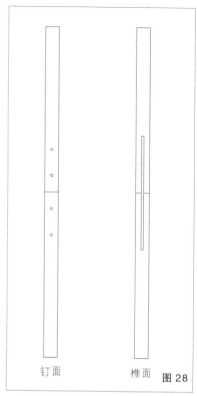

钉面　　　　　榫面　　图 28

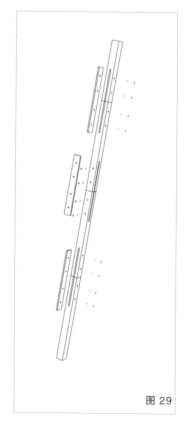

图 29

图 30

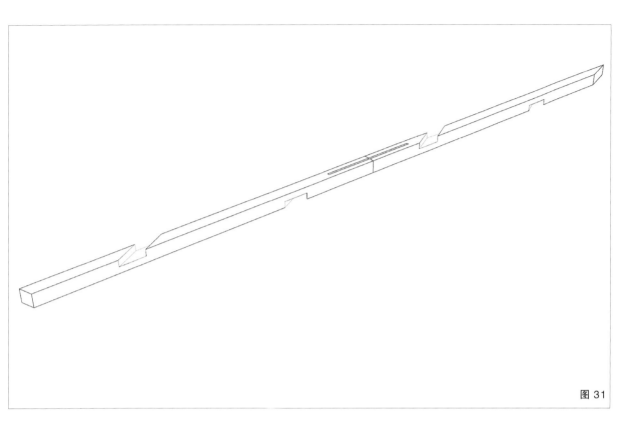

图 31

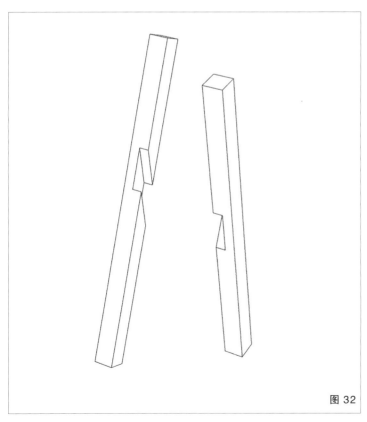

图 32

两根杆件拼接

当木条达到一定厚度时，就不具有良好的弯折性能，为使两根相交的木条处于同一平面，采用十字刻半榫将两根木条进行连接（图 32）。

整体编织处理

1.两个方向的木条有意地不在同一水平面上进行交接，避免了"通缝"
的出现（图33）。

2.同向相邻木条的两个接头处同样采用"钉面"和"榫面"相互交替的
方式（图34），具体拼接方式如下（图35）。

图 33

图 34

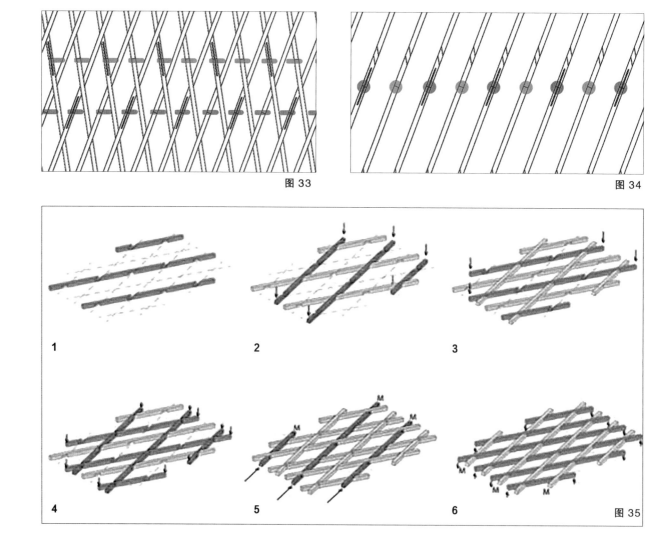

图 35

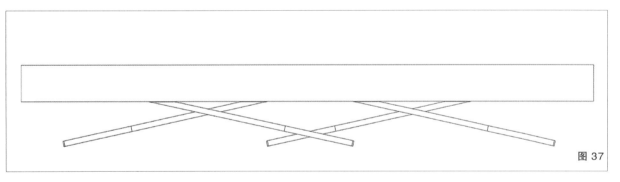

图 36

与福冈星巴克门店的"编织"方式相比,这种形式具有更好的整体稳定性。同时,这种形式主要体现出的是一种更近乎竖直的面,单独的一层对于整个空间的干扰是极其微弱的(图 36、图 37)。为了体现出整个"织物"的体量感,整个建筑的外层并不是只通过一层木格进行包裹,而是采用两层,局部甚至四层来进行装饰(图 38)。

通过以上三个木构建筑设计,隈研吾对于他想探讨的问题,貌似也没回答出什么。但我想说的是,建筑师为什么一定要探讨点什么、改变点什么、回答点什么、推动点什么才能被称为一个建筑师呢?老老实实地做一个美好的建筑,给人们一种美好的体验的就不是一个好建筑师了吗?在我看来,隈研吾就是这样一个"美好"的建筑师。

图 37

我们总嫌弃一个商业建筑师媚俗、不文艺,一个学者型建筑师不接地气、不务实,而当某位建筑师同时规避了这些缺点时,我们又觉得人家在这些方面都做得不够深入。建筑师只是一个职业,不是做慈善的,更拯救不了世界。如果不能为全人类做贡献,为眼前的美好做点贡献也不错,比如,做一个"美好"的"装修建筑师"。

图 38

如何让毛坯房成为"素颜女神"

GC 口腔医学博物馆——隈研吾建筑都市设计事务所

位置：日本·爱知县
标签：鲁班锁，晶格
分类：展览建筑
面积：626.5m²

图片来源：
图 1 来源于 https://www.vcg.com，图 2～图 4 来源于 https://www.pinterest.com，
图 5～图 8、图 10～图 12、图 30、图 38 来源于 https://kkaa.co.jp，其余分析图为
非标准建筑工作室自绘。

对于没"化妆"的房子，我们习惯称之为"毛坯房"，它们大都指望着占投资预算一半的装修费来改头换面（图1）。但是，总有一些"气死人不偿命"的毛坯房，"素颜"也是妥妥的"女神"。这种毛坯房我们统一称呼它们为：本来就很美，还能省装修费，还能让甲方高兴地拎包入住的"素颜"毛坯房（图2～图4）。

建筑界最擅长这种"素颜术"的就是常常"扮猪吃老虎"的隈研吾大师了。隈大师表面看起来很"佛系"，整天讲的不是"负建筑"就是"弱建筑"，一张嘴就是"让建筑消失"和"反造型"，但其实内心独白是：不"化妆"也比你们美，有本事打我啊！

那么问题来了，隈大师是怎么做到让建筑"素颜"也很美的呢？四字秘诀：从小到大！

和我们通常所采用的"场地—造型—功能（平面、剖面）—细部"的设计方法恰恰相反，"从小到大"的设计方法首先关注的是建筑的细部以及节点的处理，在完成了对细部的考量后，再以此为基础，塑造形体、排布平面，并完成其他功能性的需求。在此过程中，后续的设计都是围绕着这一细部展开的，旨在更好地体现细部的特性。

图1　　　　　　　　　图2　　　　　　　　　图3　　　　　　　　　图4

为了让大家看得更明白，今天我们就把隈大师的代表作 GC 口腔医学博物馆拆解给你们看（图 5），看看人家是如何从细部出发，让建筑"天生丽质"，成为"素颜女神"的。

图 5

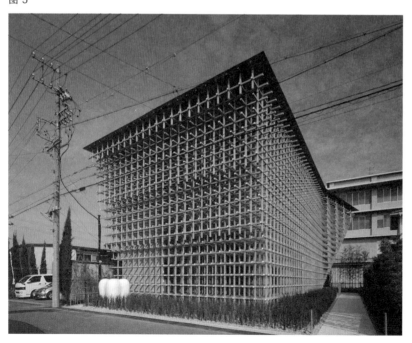

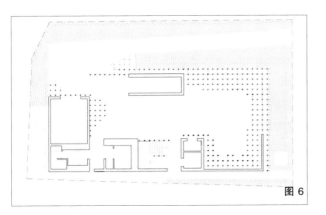

图 6

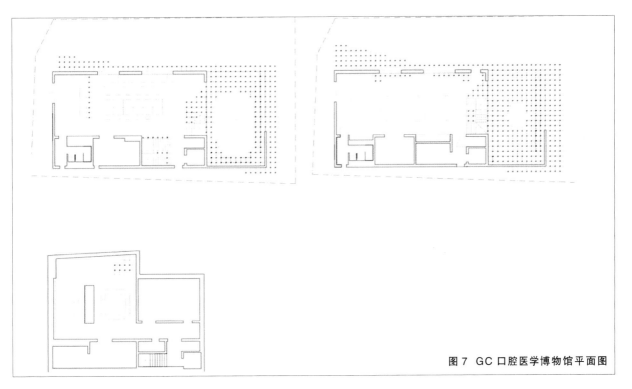

图 7 GC 口腔医学博物馆平面图

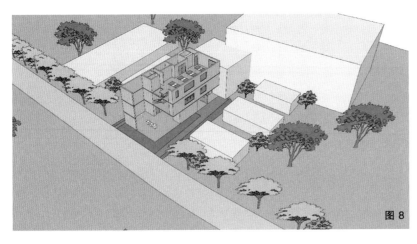

图 8

按照常规方法，我们一般会从平面图开始做方案（图 6、图 7）。如果按照原本的平面图，我们就会得到这样一个形体（图 8）——这根本就是一个一年级学生的不及格的住宅作业嘛。

所以，隈大师不是这么做方案的。按照"从小到大"设计法，隈大师先做了一个小"神器"（图9）。这个小东西真的很神奇，因为它搭建起来的效果如图10～图12所示。这个作为节点构件的小"神器"的原型就是日本传统木玩——刺果（cidori）（图13、图14），其拼接方式是，将水平放置的木棍在以其中部圆柱为中轴旋转90°或270°，起到锁死整个结构的作用（图15～图19）。

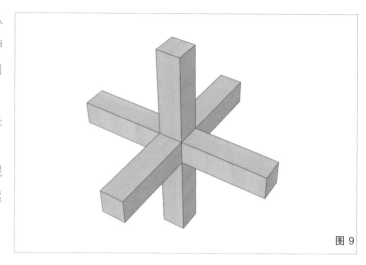

图 9

图 10

图 11

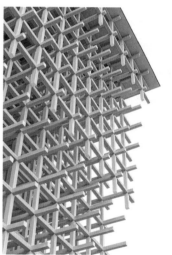

图 12

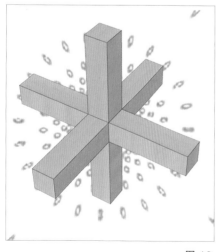

图 13

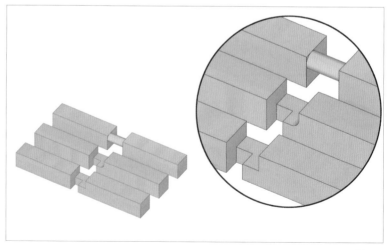

图 14

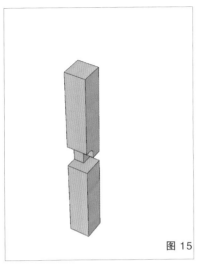

图 15

图 16

这个木玩在我国被称为"鲁班锁"或者"孔明锁",准确点说应该是"三根鲁班锁",而且它还有更高阶的形式(图20)。

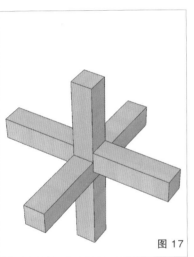

图 17

图 18

图 19

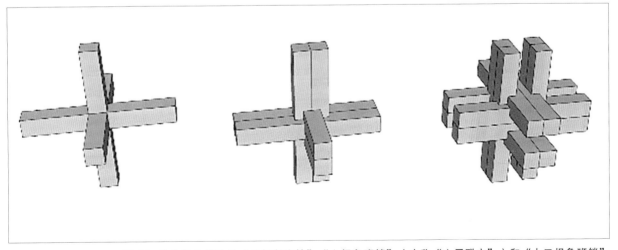

图 20　从左往右依次是"三根鲁班锁""六根鲁班锁"(也称"六子联方")和"十二根鲁班锁"

"三根鲁班锁"有两种制作方式，
且能达到一样的组合效果。

方式一：A+B+C（图21）

方式二：D+D+C（图22）

不难发现，这两种形式其实在本质
上是一样的：将木条 A 的一部分抠
出填在木条 B 上，即可得到两根
木条 D（图23）。但是，由于方
式二只需要利用两种形式的木条即
可完成该结构，故在实际加工过程
中，这种方式更适合大批量生产。

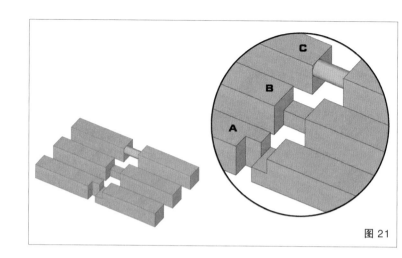

图21

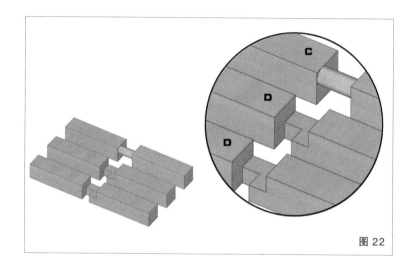

图22

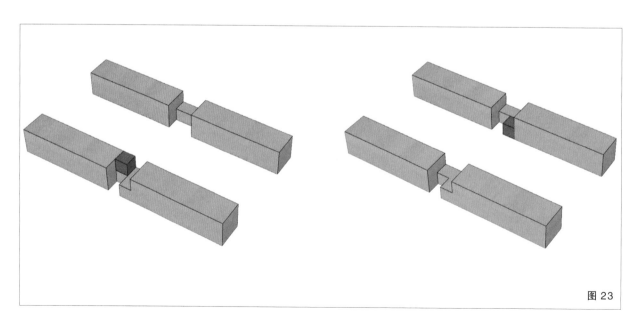

图23

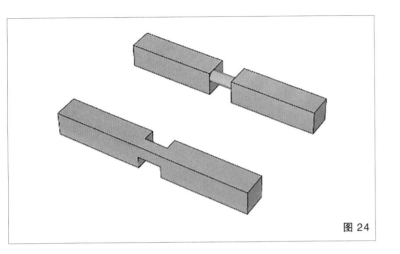

图 24

除这两种之外，还有一种将木条 C 的圆柱连接简化为方柱的做法（图 24）。由于木材具有良好的抗拉和抗压性能，因此当所用木材的木质硬度较低时，可强行进行旋转锁定。但在实际生产建造过程中，由于所选木材的质地大都较为密实，故往往不采用这种做法。

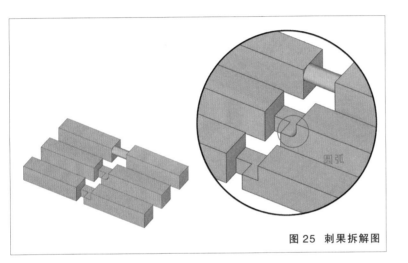

图 25　刺果拆解图

将方式二的组接方式与刺果进行对比可发现，刺果就是方式二的改进版，即在木条 D 上增加了一个类似"抹角"的四分之一圆弧（图 25、图 26）。一方面，这一具有导向性的圆弧使得木条 C 在最后的旋转锁定过程中减小了在其他方向上的位移，使其具有更好的操作感；另一方面，这使得整个结构的交点位置的空隙得到进一步的填实，更有利于提升整个交接点的稳定性以及受力性能。当然，这一改进也对加工的精确性提出了更高的要求。

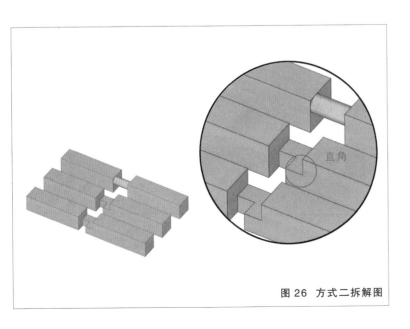

图 26　方式二拆解图

至此，我们搞明白了这一交接点的来龙去脉和具体的处理方式。但是，由于建筑空间需要创造一种夸张的空间网格体系，因此单一网格的尺寸不宜过大。如果只是将这一节点重复叠加、连接，进而形成满足使用需求的建筑体量，无论采用何种方式进行连接，都会对整体结构的稳定性产生不良影响，同时也增加了现场施工的工作量。所以，隈大师将之前的木条"拉长"，再将"拉长"的构件组合起来，就可以形成较大的单元体，在此基础上，再于单元体交接处设置连接凹槽和木钉孔，并用木钉锚固（图 27 ~ 图 29）。

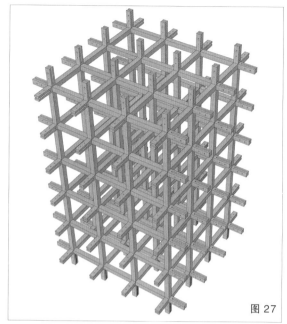

图 27

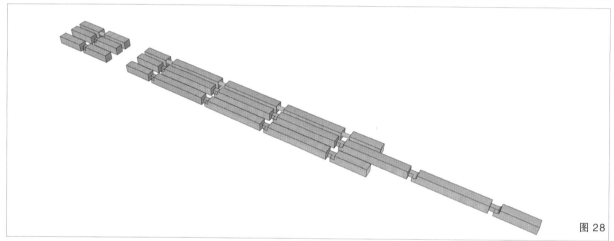

图 28

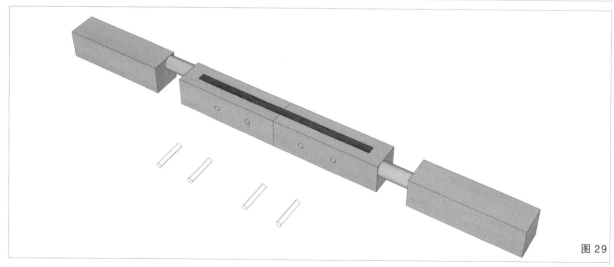

图 29

搞清了基本原理，也就是"小"的部分，我们再以二层为例具体看看隈大师是怎么把这个"小"做"大"的。

第一步

木格是该设计的主角，所以其他所有构件都应符合木格的模数尺寸。选定的木格尺寸为 250mm，故首先根据 250mm×250mm 的平面模数生成墙体布置方式（图 30）。

第二步

将平面墙体升起（升起的高度也应以木格尺寸作为基本模数）。先用由单个木格形成的空间矩阵包裹住整个墙体，形成围合空间，再抽出需要"空"的部分，而后确定在实际施工过程中需要设置连接节点的位置（图 31 ～图 33）。然后，我们就得到了一系列需要制作的组合单元体形式（图 34）。

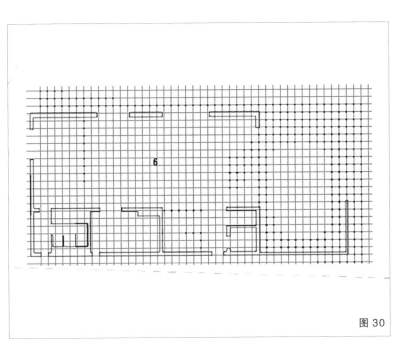

图 30

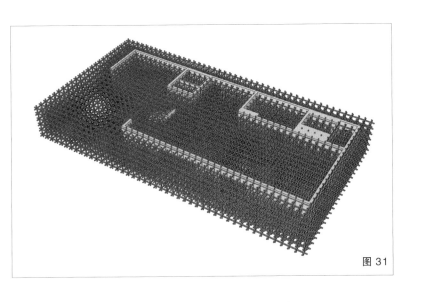

图 31

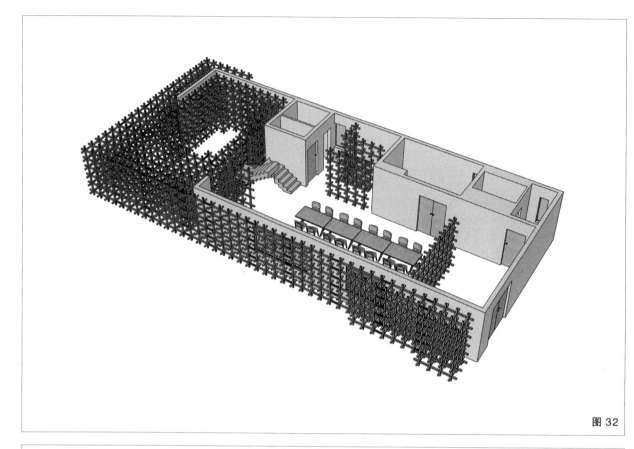

图 32

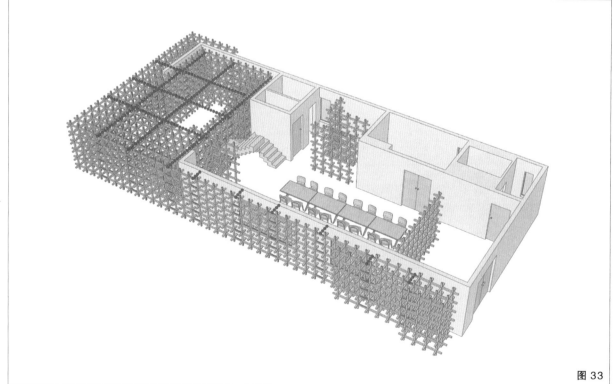

图 33

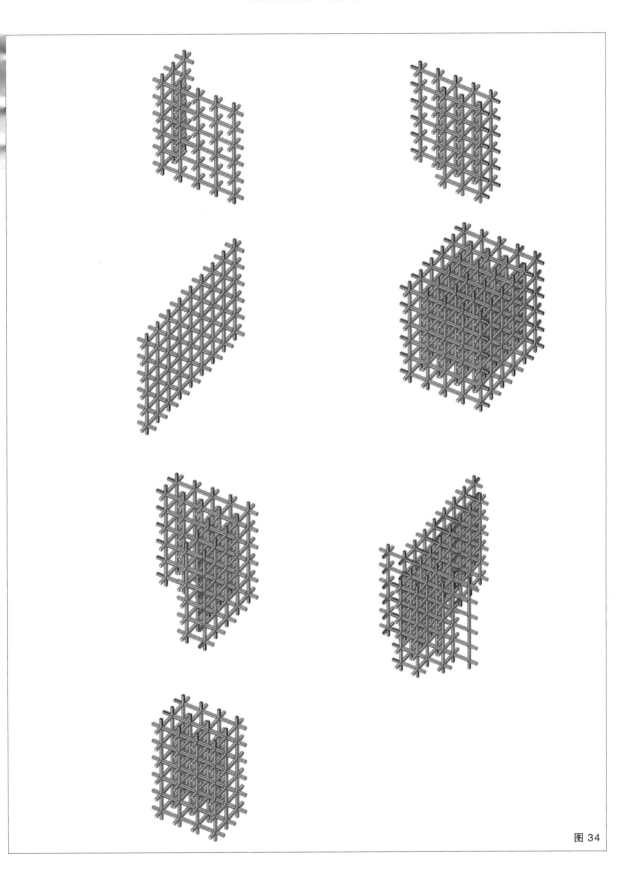

图 34

第二步

最后，将这些组合单元体进行现场
连接（图 35 ～图 37）。

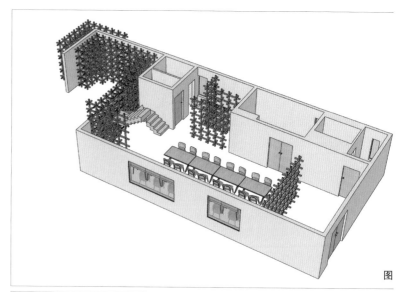

图

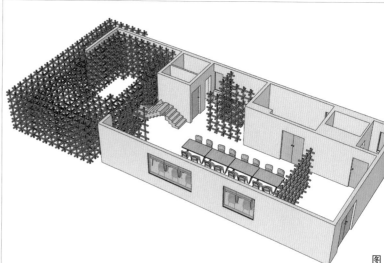

图

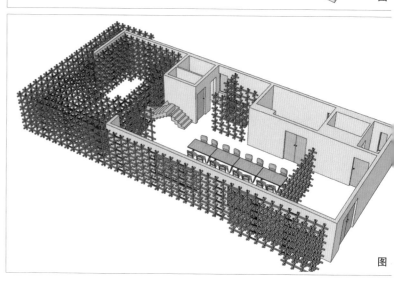

图

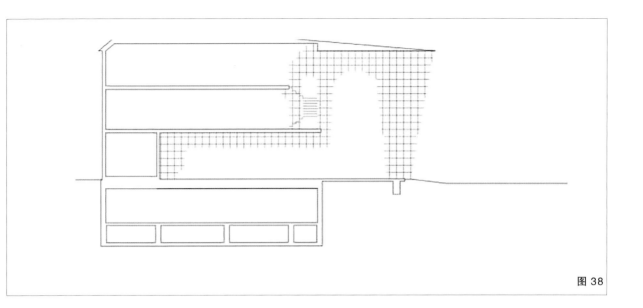

图 38

从剖面上看，为了更好地表现出刺果叠加所形成的具有多维效果的木质晶体，展区的部分设置了三层的通高空间，同时，沿街面的构件整体由下至上逐渐加厚，产生了折射般的通透性的变化（图 38）。

长久以来，我们经常会有这种困惑：为什么同样是"方盒子"，大师们总能做得比我们好很多？这个原因我们已经说过多次了，限制我们的不是"方盒子"，而是思维方式。

在我们习以为常的设计思路中，总习惯从大处着手，"由大及小"做设计。关乎材料和构造节点的思考往往都是处在设计过程和交图截止日的夹缝之中。此时，材料和节点处理往往都是以一种类似附属品的形式出现，其作用似乎也只能是某种"装修"，因为你可以选择这样，也可以选择那样，就好像家里装修，可以选北欧风格，也可以以后再换成美式乡村风格，在这种情况下，构造节点往往是和建筑本身割裂的。相反，如果"从小到大"反向设计，在通过构造节点全尺寸模型研究后，即形体与物质深入对话后，再开始平面、剖面和布局的规划，用隈研吾的话说就是"一切都要从物质这一具体的、活生生的事物开始"，在这种情境下，材料与构造的桎梏被打破，就能更好地展现自身了。毛坯也好，装修过也好，我们最终能看到的只有建筑，真正的建筑。

你看不懂妹岛和世是因为你不懂女人

布达佩斯国家美术馆新馆——SANAA 建筑事务所

位置：匈牙利·布达佩斯

标签：暧昧，消解

分类：文化建筑

面积：18 500m²

图片来源：

图6、图7来源于 http://www.archdaily.com，其余分析图为非标准建筑工作室自绘。

到目前为止，妹岛和世的建筑观依然没有被清楚地定义过。暧昧？梦幻？精致？不确定？还是仅仅为了好看？妹岛女士自己的回答是：直觉。

这个答案很熟悉吗？让我们换一下主语。到目前为止，女人的爱情观依然没有被清楚地定义过。暧昧？梦幻？精致？不确定？还是仅仅为了好看？而女人自己的回答则是：直觉。

接下来，我们要讲的就是妹岛女士的建筑故事。

很多女人都有一个特点，就是口不对心。说白了，就是明明心里这样想，偏要假装成那样：明明喜欢，偏要假装成不喜欢；明明想要留下，偏要假装成非走不可；明明精心打扮了 3 个小时，偏要假装成随意收拾了一下就出了门。所以，如果你能看懂女人的这些口不对心的假装，那么你也就看懂了妹岛和世。

比如，我们正常设计一个建筑，应该做些什么？无非就是秩序、功能、流线、结构等，建筑师妹岛和世自然也是要做这些的，但妹岛女士偏要把精心设计的这一切都假装成什么都没有。

1. 假装没秩序

就像金泽 21 世纪美术馆，其柱子明明是被置于一个 3m×3m 的网格之中，功能空间的大小和位置也是严格按照网格进行排列的（传说这一步主要是由西泽立卫完成），但是，妹岛女士偏偏要假装这些功能块是随机排布的，假装本身有秩序的方格网控制下的圆形平面其实是随机生成的方块空间（图 1）。这种假装就像小女孩自以为能蒙混过关的"小心机"，既让人感到新鲜有趣，又让人有迹可循，可以轻松大胆地探索。

2. 假装没功能

妹岛女士曾经为一名姓森田的先生设计过住宅（森田住宅）。按理说住宅是功能要求很明确的建筑类型，建筑师妹岛和世自然也懂得这个道理，所以她为森田先生和他的母亲量身打造了尺度适宜的功能空间。但是，在做完这一切之后，妹岛女士假装这些功能空间都是随意摆放的没有具体功能的盒子，这样一个个功能块便好像从规整的外壳中脱离出来，成了散布的独立个体（图 2）。妹岛女士曾信誓旦旦地说："这些体块全都没有具体功能，每个盒子的功能都可以随使用者的喜好自行安排。"但事实上……反正森田先生觉得妹岛老师的设计完全符合他的要求。

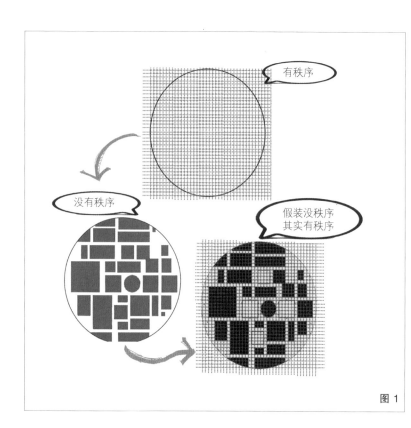

图 1

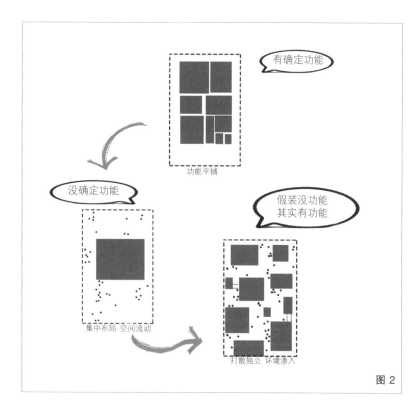

图 2

3. 假装没流线

妹岛女士总假装自己的建筑是没有路径的。比如，她说金泽21世纪美术馆的流线完全是根据任意排布的功能体块拓扑出来的，体块与体块之间是另一维度的"缝隙空间"，正常的走廊路径根本就不存在。但事实上，这些"缝隙空间"就是另一种形式的走廊。它打破的仅仅是正常走廊的形态与尺度，使人产生一种空间挤着空间的错觉，但路径通道应该有的引导与通达作用是低调而明确地存在着的。这种假装没流线的游戏就是妹岛建筑中看似自由散漫，却又便捷通畅的秘密所在（图3）。

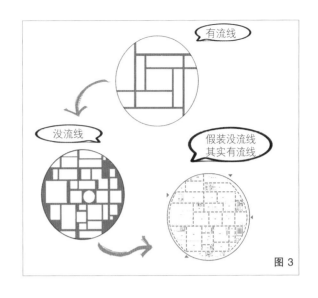

图3

4. 假装没结构

通常情况下，我们在妹岛女士的房子里是找不到结构这一概念的。妹岛女士一直在努力营造一种云雾缭绕的禅意境界：在墙、天花板、地面，甚至面与面的交界处都采用纯白色，并将不得不有的结构柱子尽可能地变细，以致其在人们的视线范围内失去柱子应有的支撑感，或干脆把柱子埋进墙里来假装建筑没有结构支撑（图4）。

楼层的概念也要模糊掉，楼板必须是错落的（图5）。往大了说就是消除建筑的层级关系对人的行为的束缚，使空间达到三维的均质化，其实就是为了好看。这不就像姑娘们出门前化了3个小时的妆，就为了让自己看起来和没化妆一样吗？

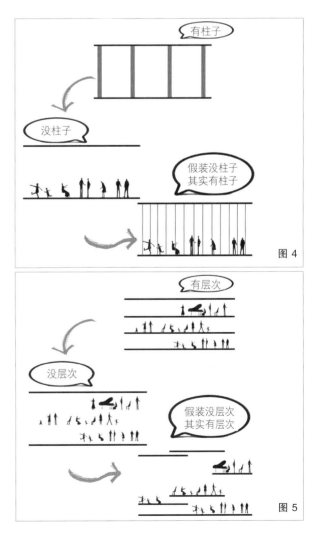

图4

图5

以上就是妹岛女士的小心思了。如果你还是没懂，下面我们就把 SANAA
建筑事务所的作品——布达佩斯国家美术馆新馆拆解给你看（图 6、图 7）。

图 6

图 7

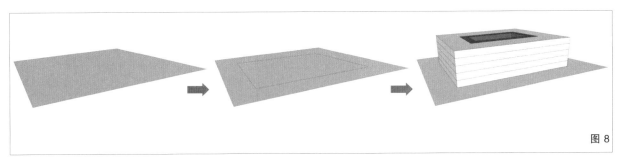

图 8

先说明一下，这个设计的核心就是大家几乎每天都用的万能平面——"回"字形平面。接下来就是妹岛女士的表演时间了。

第一步：将场地边缘缩出一个"回"字形平面，逐层生成建筑的总体量（图8）。

第二步：把"回"字形平面的功能块按面积要求打碎成一个个盒子，随机分布于各层平面，保留"回"字形平面中间的开放中庭（图9、图10）。

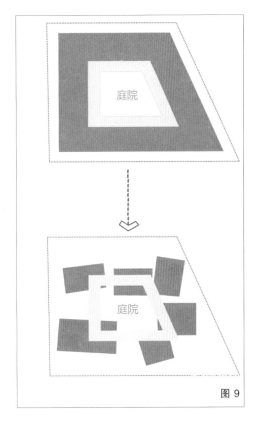

庭院

庭院

图 9

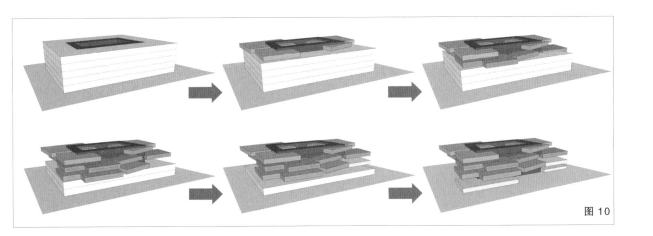

图 10

第三步：消解"回"字形走廊，将走廊完全融于闭合盒子的角部交接处，或打开盒子形成的平台中，形成自由路径，并保证空间的连续性（图11）。

第四步：各层的盒子之间有高差，由此产生平滑的坡道，从而消解层数这一概念（图12）。

第五步：以外围的平台坡道模糊功能块与周围环境的边界，使整个空间连续流动起来（图13）。

第六步：由体块反推网格，由网格的交点生出细柱，再以透明或半透明材料作为表皮，建筑就完成了（图14）。

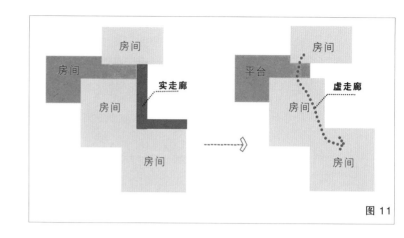

图 11

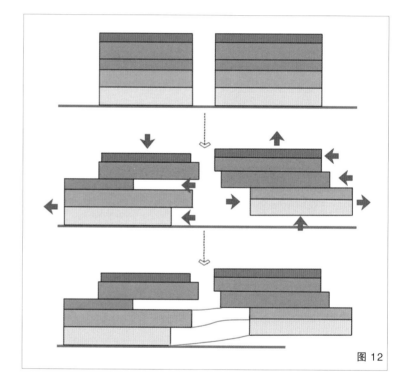

图 12

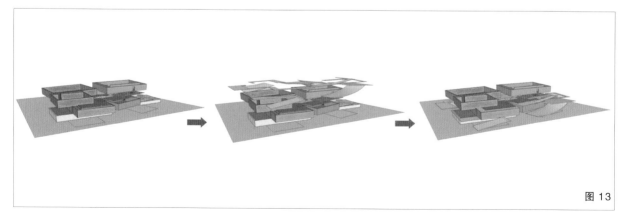

图 13

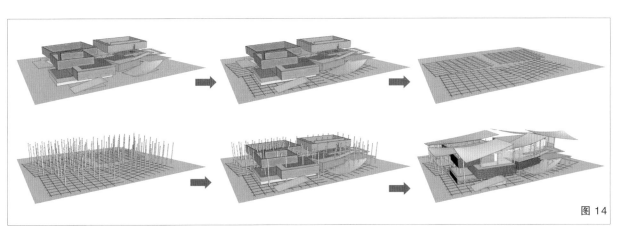

图 14

让我们看一遍全部操作（图 15）。

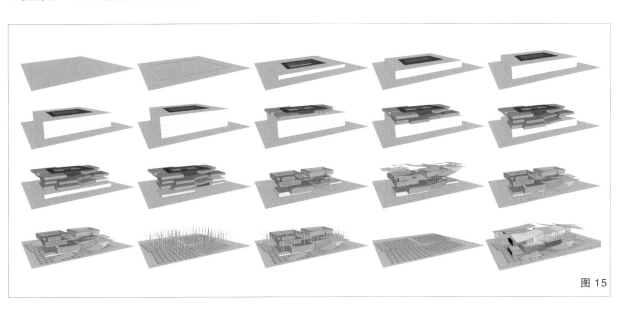

图 15

其实，当我们发现我们只能用"暧昧""梦幻""清冷"这些感性的词语去形容妹岛的建筑时，就应该想到，或许感性思维才是分析妹岛建筑的万能钥匙。这世界本就不是只有一种游戏规则。互联网时代，人们已经习惯了各种"小众""非主流"的思想和文化走向舞台，那

建筑界又为什么要死守着书本上的教条去评价全世界呢？

妹岛和世的建筑让人困惑，不是因为这些建筑很复杂或是很难理解，正相反，她的建筑除却所有修饰或"自命不凡"的深度之后，看起来很简单，只是你不愿意相信它很简

单罢了。事实上，妹岛女士与她的建筑让人着迷的地方不在于她的批判性、概念上的密度，或是她运用的工作程序的创新和潜能，而是在于她的简单和直接。她心思简单，努力地修饰自己，就是为了在你面前可以直接而随意地展现出最美的一面。而你，为什么就不解风情呢？

妈，你缝衣服的样子真像一个建筑师

维特拉展厅——Herzog & de Meuron 事务所

位置：德国·莱茵河畔魏尔

标签：体块，视野

分类：展馆

面积：4126m²

图片来源：

图 1、图 2 来源于 https://www.archdaily.com/50533/vitrahaus-herzog-de-meuron，
图 4 来源于 https://www.vitra.com/en-dk/about-vitra/campus/architecture/
campus-architecture，图 6 来源于 https://www.smow.com/blog/2010/02/vitrahaus-
jongerius-panton-eames-the-rejected-colour-schemes/，图 12 来源于 https://
johnmaddenphoto.com/portfolio/vitrahaus/，图 15 来源于 https://www.dezeen.
com/2010/02/19/vitrahaus-by-herzog-de-meuron-2/，图 17 ~ 图 20 来源于 http://
new.rushi.net/Home/Works/mobilework/id/38788.html，其余分析图为非标准建筑工作
室自绘。

这 次，我们演示一下妈妈们的必备技能——穿针引线设计法。

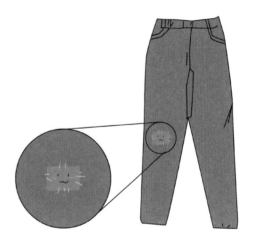

你的破洞牛仔裤

以 Herzog & de Meuron 事务所的维特拉展厅为例（图 1、图 2），这个
建筑的造型很令人费解，为什么会这样？主要就是因为它运用了穿针引
线设计法。

图 1

图 2

★**划重点：**

这个设计方法最主要的特点就和妈妈们缝衣服一样，每一针都有明确的落点，最后针脚长什么样无所谓，把破洞补好就行了。维特拉展厅要"缝补"的是四周的景色，因为它位于一个神奇的地方——维特拉厂区。维特拉厂区是由起源于瑞士的高端家具公司——维特拉家具（Vitra Furniture）建立的。这家公司厂区内的建筑几乎全部都由当代有名的建筑大师设计，包括扎哈·哈迪德早期的代表作维特拉消防站、弗兰克·盖里的维特拉设计博物馆、妹岛和世与西泽立卫的维特拉工厂、安藤忠雄的维特拉会议馆等，可以说整个厂区就是一个小型的当代建筑展馆（图3、图4）。

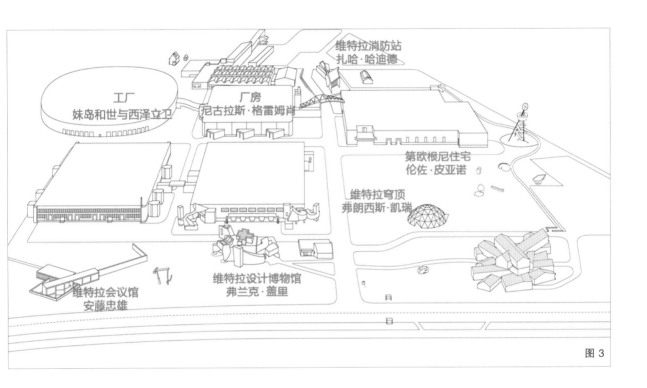

图 3

图 4

在维特拉展厅设计之前，多个大师的建筑作品已经落成——玩空间的，玩造型的，玩概念的，那么作为一个后来者，还有什么好玩的呢？ Herzog & de Meuron 事务所再次出奇制胜，他们决定，玩视野！既然你们都那么美丽，就让我成为你们的最佳观赏点吧。

通常，一栋建筑只有四个立面，人们身处其中最多只能看到四个方向的风景（图5）。当然，如果建筑是不规则体，人们看到的方向可能会多一些，但也多不到哪儿去。然而在这个建筑中，赫尔佐格和德梅隆通过设计让人在建筑中有了整整23种不同的视野（图6）。

穿针引线设计法具体操作：

1. 起针

人流从厂区内道路进入接待区，然后通过商铺的楼梯抵达二层。这条流线将贯穿所有体块。这就是起步的第一针（图7）。

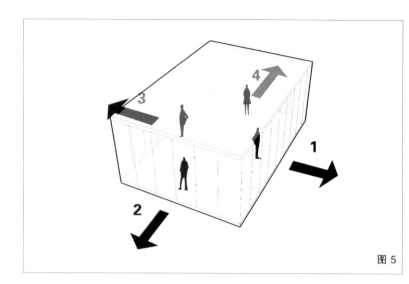

图5

图6

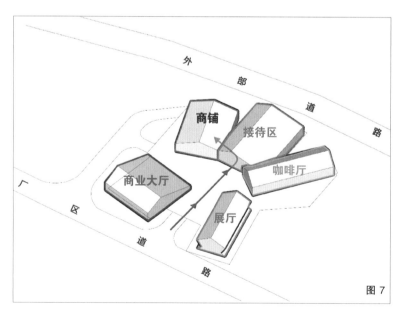

图7

首层的五个功能块在排布上并没有什么内在逻辑，各自都是为了朝向不同的景观：展厅朝向厂区内部，最大的商业大厅面向莱茵河，商铺、接待区和咖啡厅这些相对休闲的功能则面向厂区外的山林（图8）。

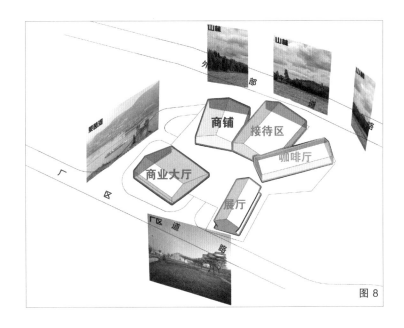

图8

2. 第二针

人流从商铺抵达二层，通过Z字形流线穿过整层展厅。二层的展厅有两个体块，为了获取最好的景观，一个朝向弗兰克·盖里设计的

维特拉设计博物馆，另一个朝向安藤忠雄设计的维特拉会议馆，而两个体块另一侧都朝向莱茵河（图9、图10）。就像缝衣服的回针一样，建筑师在中间斜插了一个体块，将首层的两个体块与二层串联起来（图11）。"回针"可以使"针脚"更牢固，与首层联系更紧密，同时也避免了流线的单一、冗长。在"回针"的地方，建筑师设计了一个大台阶，作为公共交流与休息的节点（图12）。

图9

图10

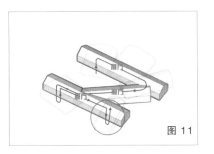

图11

图12

3. 第三针、第四针

抵达三层，人们首先会看到厂区内的一处景色，回过头会看到远处的山林，经过体块交错处后又会看到维特拉工厂。顺着旋转楼梯抵达四层，人们就可以看到远方的莱茵河。连续的流线通过不断地折返，使宾客的视角不断变换，极大地丰富了参观的体验（图13、图14）。

4. 锁针

到达顶层后，人们可以远眺整个厂区以及周边风景（图15）。最后锁针，设计师将"针脚"绕回到起始的位置，锁住所有体块。人们可

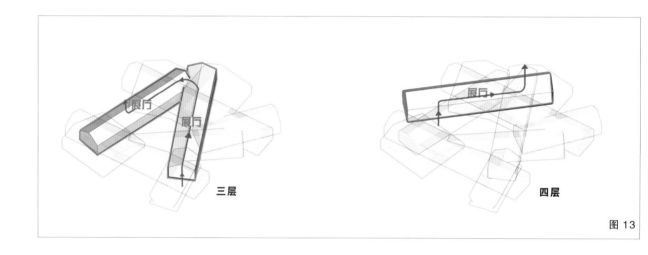

图13

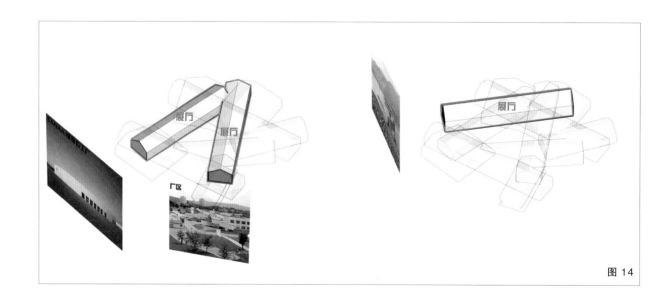

图14

以通过一部贯通五层的电梯，直达首层出发点——接待厅。当然整个过程也可以反过来，人们可以坐电梯直达五楼，从那里开始回转，向下参观（图 16）。

整个建筑共由 12 个体块组成，每个体块的方位均不相同，这些方位都是根据周边景色的视野方向确定的。12 个体块共可形成 24 个框景，但因为其中斜插的体块只有一面有窗户，因此参观者在这个建筑中一共可以看到 23 种不同视角的风景。

图 15

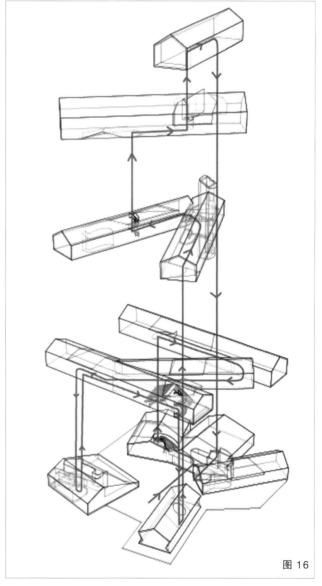

图 16

彩蛋 1：为什么做成小房子形状？

我们可以看到这里所有的体块均为小房子形状，这是由于该建筑是用来展示维特拉品牌的家居产品的，因此，设计师通过传统房屋的符号性轮廓来强化家居的尺度与氛围（图 17）。而从建筑本身的角度来讲，小房子形状只是设计师针对项目特点的个人选择，如果我们把它换成长方形、三角形或者其他形状，也都不影响设计的根本。

图 17

彩蛋 2：体块交错的地方怎么处理？

对体块交错部位的不同处理方式形成了建筑内部丰富的空间。

第一种，去除相交部分，使上下空间连为一体（图 18）。

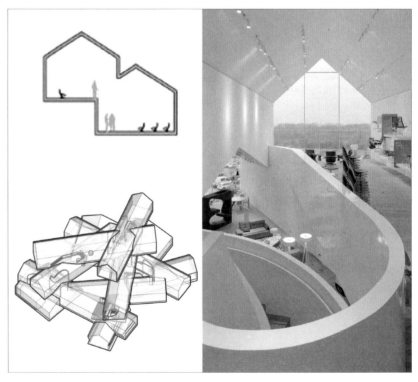

图 18

第二种，去除下体块屋顶，使上下空间视线相通（图 19 ）。

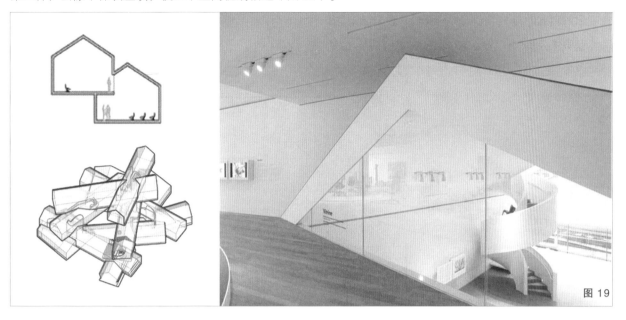

图 19

第三种，去除上体块楼板，利用下方坡屋顶做大台阶（图 20 ）。

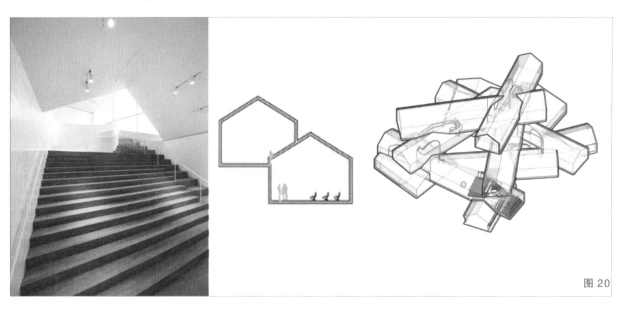

图 20

★敲黑板：

1. 典型的西方逻辑思维：如果过程中的每一步都正确，结果就正确。

2. 让使用者看到最美的，而不是你设计里最美的。

3. 如果竞争太激烈，那就和裁判一组。

我是个特别会翻花绳的建筑师

麦克文大学文化中心——Revery Architecture 事务所

位置：加拿大·埃德蒙顿

标签：中庭空间

分类：教育建筑

面积：40 000m²

图片来源：

图 14、图 20、图 21 来源于 https://www.arch2o.com/macewan-university-allard-hall-revery-architecture/，其余分析图为非标准建筑工作室自绘。

没有没用的技能，关键得看怎么用。比如翻花绳，你也可以用它来玩空间。

摆在你面前的是一份十分普通的任务书，在一个普通的长方形基地上建一栋功能流线也很普通的大学生文化中心（图1），你会怎么做？

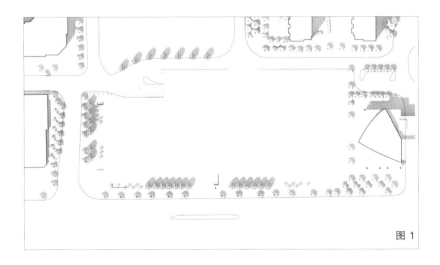

图 1

确定基地(图2),确定层数(图3),
确定功能(图4),挖出中庭(图5),
置入交通核(图6),最后将两个
学院上下分或者左右分(图7、
图8)。

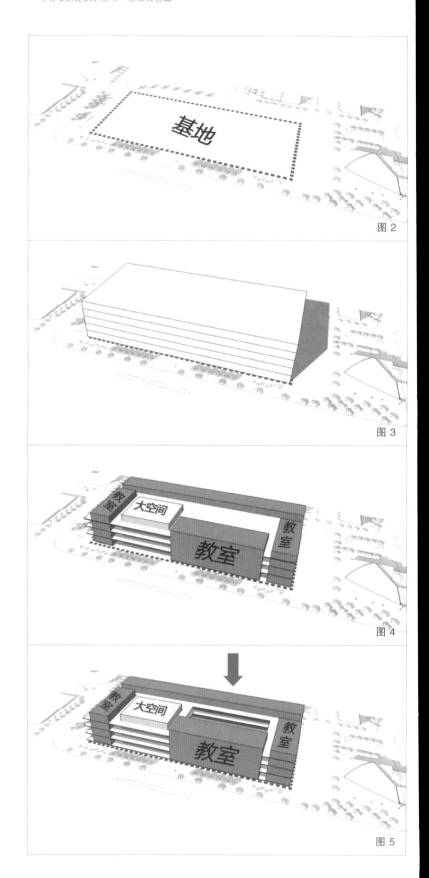

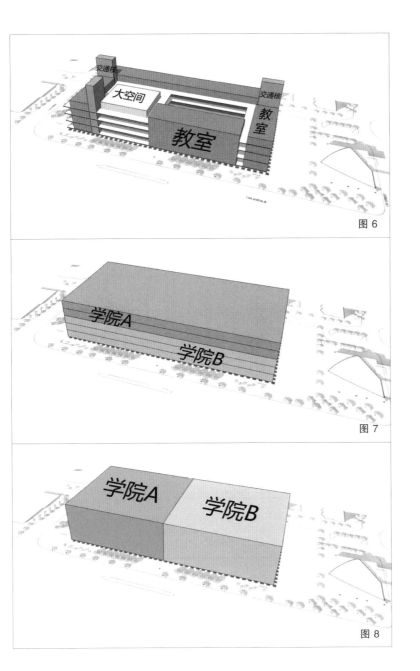

图 6

图 7

图 8

你可能觉得这个方案也就这样了，难不成还能翻出个花来吗？你这样做当然翻不出花来，要学会翻花绳才能翻出花啊！下面我们就来看怎么在建筑空间里"翻花绳"。

翻花绳首先要把绳撑起来，那就让
两个学院往边上挪挪，留出撑绳的
空间，也就是中庭（图9）。

花绳翻出的形状比较灵活，中间的
镂空部分既有丰富的变化，相互之
间又有联系，这种空间正是我们在
建筑中想要的空间（图10）。

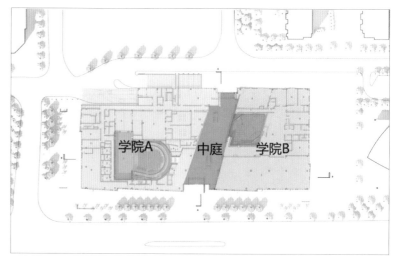

图 9

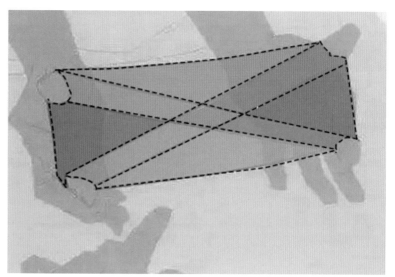

图 10

翻花绳要点一：撑起"花形"
最外圈被撑起的线形构成了花绳的
基本轮廓，而线形是由玩家的需求
来控制的（图11）。

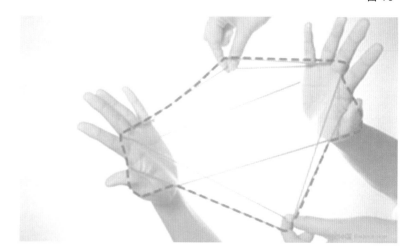

图 11

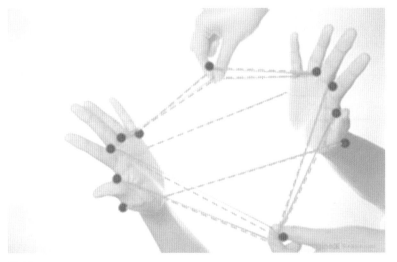

图 12

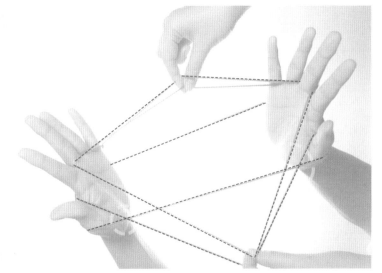

图 13

翻花绳要点二：确定节点，连出内部体系

对花绳的内部体系构成起决定性作用的是节点。由于内部的形态是由节点与节点之间直接相连产生的，所以翻花绳的玩法其实是通过改变节点来改变花绳的体系形态（图 12）。

翻花绳要点三：线与线不打结

花绳能成立的一个首要条件就是线与线在空间上呈现交错的形态，但是不会形成死结，如此一来，整体便成为由一个线环组成的花绳形态，既具有连续性，又具有整体性（图 13）。

记住这几个要点，我们回到建筑空间中（图 14）。

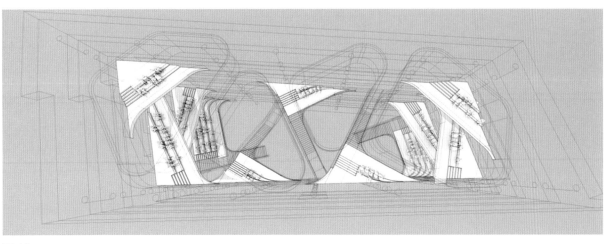

图 14

1. 撑起"花形"

如果中庭只是规矩的南北向方形，那么南北两个出口之间的流线将直接贯穿于中庭，使中庭变成完全的"动"区。而如果将中庭一扭，变成斜向的"花形"，原本"直白的"空间由于视线的阻隔自然会形成两个门厅以及中庭空间，从而使中庭空间保有"静"的同时又保持了整体性（门厅旁的两个大台阶进一步强调了这种动静关系）（图 15、图 16）。

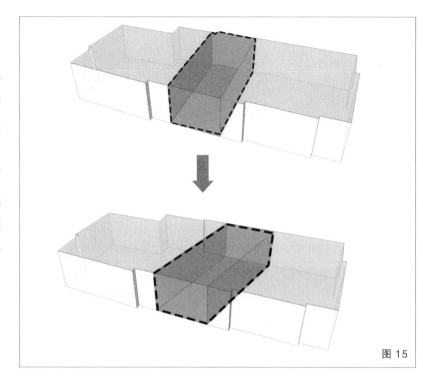

图 15

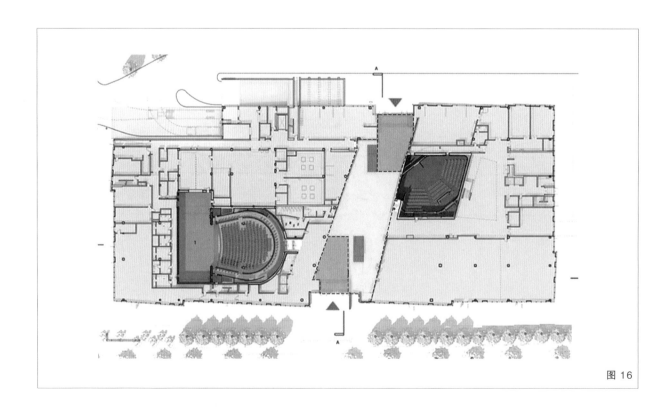

图 16

2. 确定节点，连出内部体系

以柱网及柱中距作为节点连接出交织的斜向关系线，用关系线在中庭边角切割出交流平台，在中庭中部生成楼梯（图17）。如此一来，整个中庭空间被楼梯及交流平台切碎，形成许多形状自由的交错空间，而各空间的边缘形态均由关系线控制，所以相互之间有联系，使空间既多元又具有一定的整体性。

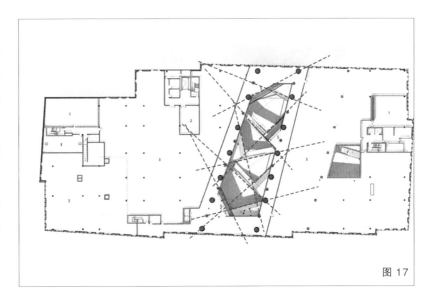

图 17

3. 线与线不打结

中庭的楼梯本身具有连续的交通作用，但为了给它"加戏"，建筑师将一层的上行梯段和下行梯段分离，将下行梯段与楼板的交界处扩大成交流平台（图18），从而进一步打破了中庭的"动"系统，使作为交通空间的楼梯失去连续性，并成为"静"系统中的交流平台之间的联系，突出了中庭空间提供交流与休憩功能的目的。

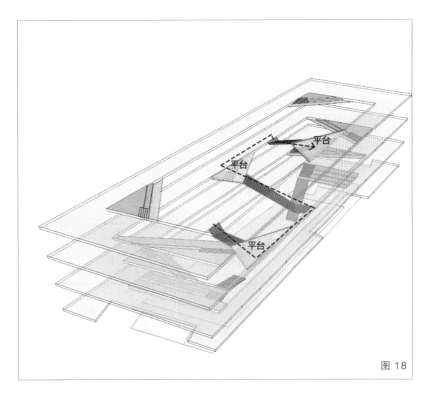

图 18

有了这样一个特色空间后，再套上一个没有浓墨重彩的外壳，就成了一
个很好的大学文化中心（图19）。这也就是 Revery Architecture 事务
所设计的麦克文大学文化中心（图20、图21）。

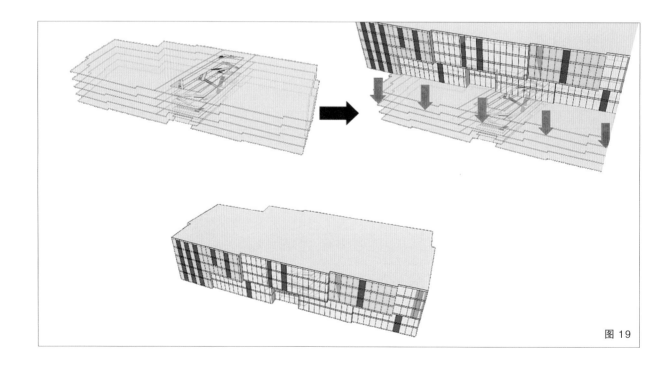

图19

建筑设计是一门语言，对建筑师来说，最重要的就是要用自己会说的语言把意思说明白。靠着半生不熟的单词说着外国人听不懂、中国人更听不懂的语言，那你就不是在交流。对于交流，在餐巾纸上画个简笔画或者用手随便比画一下都比谁也听不懂的外语强。所谓语言，不是只包括字典上的英语、法语、意大利语等，所有能被用来交流的东西都可以称为语言，包括简笔画和随便比画的手势。

翻花绳没有什么了不起，了不起的是从翻花绳想到空间结构。所以，要相信你的天赋，要相信你真的很特别。

图 20

图 21

你玩套路还是套路"玩"你

Axel Springer 新媒体中心方案——大都会（OMA）建筑事务所

位置：德国·柏林
标签：切片，中庭
分类：媒体中心
面积：18 000m²

中国台北表演艺术中心国际竞赛方案——NL 建筑事务所

位置：中国·台北
标签：模块，中庭
分类：表演中心
面积：12 000m²

设计有套路，套路即方法。

有很多前卫的设计方法我们想不到，但别人想到了，那我们也可以学着用。但是，套路这个东西玩好了才有"路"走，玩不好就只能被"套"。这也是产生建筑学终极魔咒"一看就会，一做就废"的根本原因。你以为学会一个套路就能万事大吉，上手才发现还是"落地成盒"，分分钟就被套路玩坏了。比如，最近有个很流行的套路——复合中庭＋效率空间。不管你用没用过，见肯定是见过的。简单地说就是在中庭里加楼梯，然后把"话痨"放在离中庭近的地方（活力空间），把有"社交恐惧"的人放在离中庭远的地方（常规空间），大家井水不犯河水（图1）。

这么高智商的方法也不知道是谁想出来的，反正一经问世就大受欢迎，成为各大国际竞赛的"中标套路王"。然而，能成为"中标王"的套路不是那么容易上手的，就算是设计大师，一不小心也容易中套。

图 1

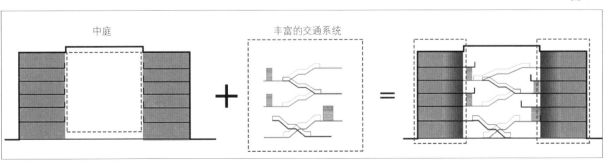

下面这两个方案，一个是大都会（OMA）建筑事务所做的 Axel Springer 新媒体中心方案（图2），另一个是 NL 建筑事务所设计的中国台北表演艺术中心国际竞赛方案（图3）。

图 2

图 3

这两个方案都使用了我们前面提到的"复合中庭＋效率空间"的套路，但一个中标，一个没中标。你猜谁中了标？

这两个建筑都有一个大中庭，这是植入复合中庭套路的首要条件（图4）。大都会（OMA）建筑事务所在新的办公大楼内加了一个中庭，使其成为建筑的新中心。办公区分为靠近中庭的非传统办公空间和远离中庭的传统办公空间，建筑师希望以此改变传统办公环境，将之从封闭转为开放、共享（图5）。

NL建筑事务所在建筑中间设置了一个室外大广场，将建筑的基本功能放置在四角，并在内部设置了多个楼梯，以便于广场上的人与各层人员产生互动。以中庭可以由内而外地吸引人流，并增加各部分空间的活力（图6）。

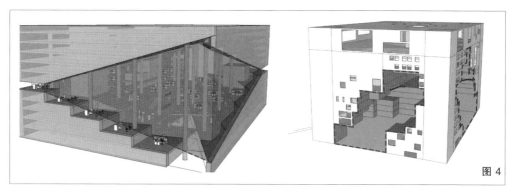

图4

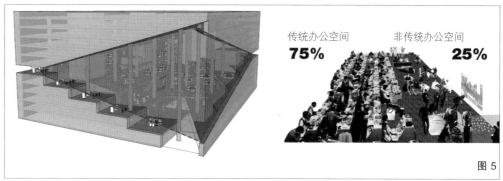

传统办公空间 **75%**　非传统办公空间 **25%**

图5

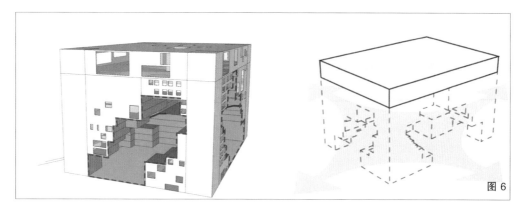

图6

确定建筑层数

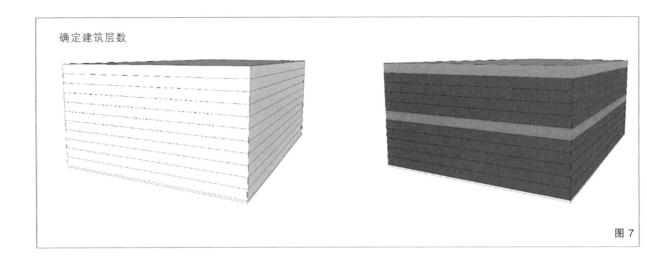

图7

套路在这两个方案中都成立，下面就看建筑师们怎么去实现这个套路了。

一、Axel Springer 新媒体中心方案

由于新媒体中心的主要功能是办公，所以大都会（OMA）建筑事务所采用以空间概念确定每一层形状的方法生成中庭形状。

1. 确定建筑功能分区及建筑层数。建筑主要分为办公区、观景区和屋顶休闲区。观景平台设置于建筑的中层，以便游客在上面观看公司的日常运作（图7）。

2. 办公空间被分为传统办公空间与非传统办公空间。为保证这一概念的实现，中层空间下部采用山谷形层层退台的设计。将被遮挡的部分作为传统办公空间，靠近中间的非遮挡区作为非传统办公空间。并以建筑中最长线——对角线为界，将每一层分为两个部分以生成中庭，达到空间利用最大化的效果（图8、图9），然后在非传统办公空间的一侧加入休闲平台（图10）。

沿对角线退台

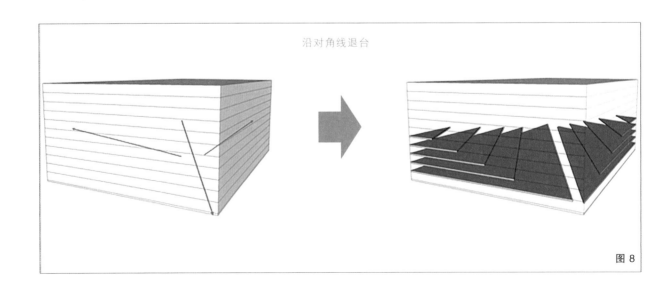

图8

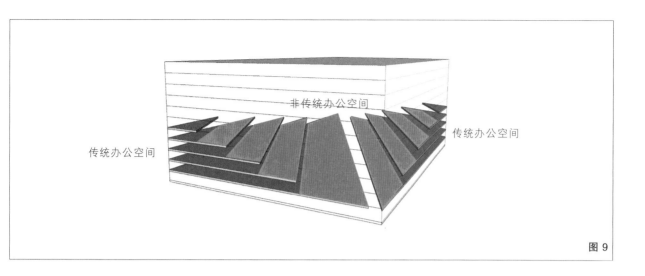

图 9

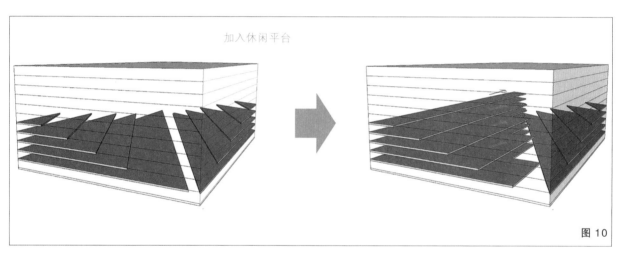

图 10

3. 为保证建筑内部空间的匀质，采用镜像平面的方法，以中层观景区为轴，将上部的平面反向退台至顶层（图 11）。

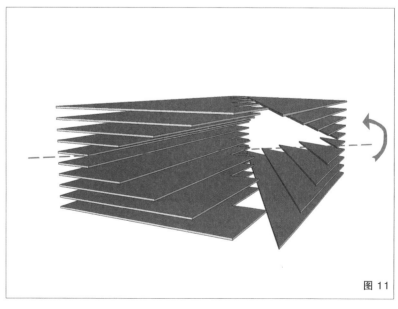

图 11

4. 加入交通核、中层平台楼梯和
两侧办公空间的连接桥，完善流线
（图12、图13）。

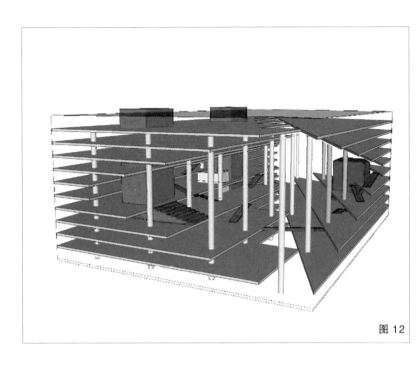

图12

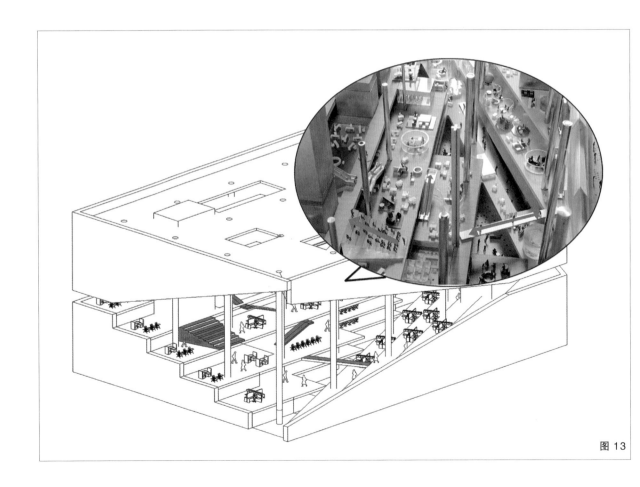

图13

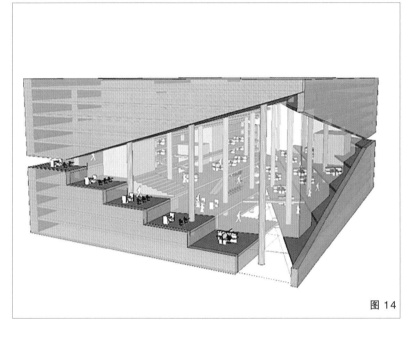

图 14

5. 沿内部平台的形状加入外表皮（图 14）完整过程见图 15。

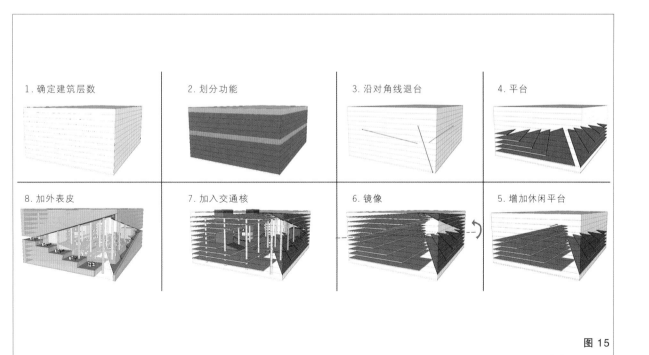

| 1. 确定建筑层数 | 2. 划分功能 | 3. 沿对角线退台 | 4. 平台 |
| 8. 加外表皮 | 7. 加入交通核 | 6. 镜像 | 5. 增加休闲平台 |

图 15

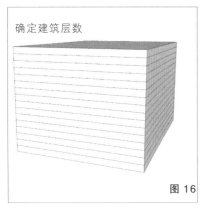

确定建筑层数

图 16

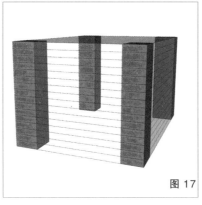

图 17

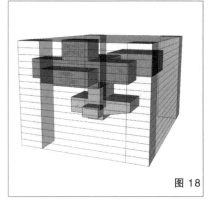

图 18

二、中国台北表演艺术中心国际竞赛方案

中国台北表演艺术中心采用"块"作为建筑形体的主要生成形式，通过"挖洞"去掉没有功能的"块"来实现中庭的空间概念。

1. 确定主要功能和建筑层数（图16）。

2. 叠块。因为要做中庭，所以先将主要交通核置于建筑四角，空间的排布以此为起点向矩形轮廓内部堆叠（图17）。

3. 确定建筑最主要的功能块——剧场的位置。三个大剧场体块于不同水平层面交错出现，并与角部的三个交通核分别相连（图18、图19）。

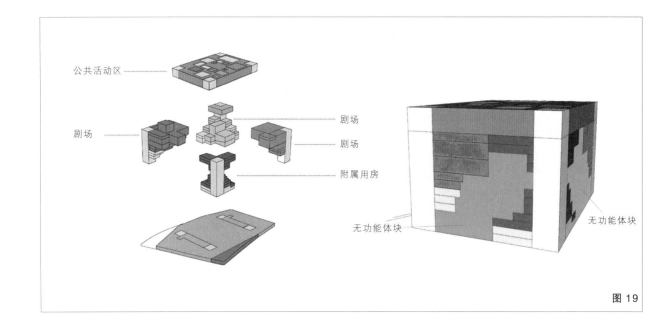

公共活动区

剧场

剧场

剧场

附属用房

无功能体块

无功能体块

图 19

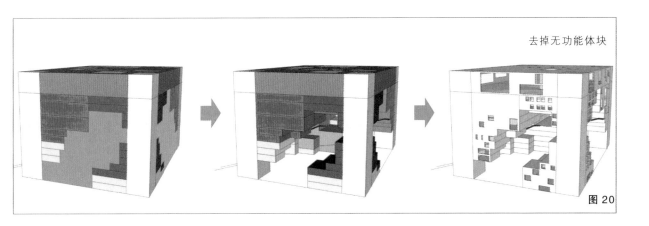

去掉无功能体块

图 20

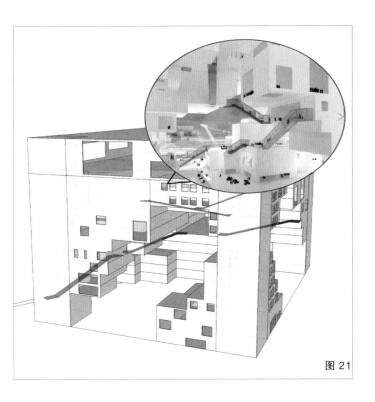

图 21

4．挖洞。去掉建筑底层的无功能体块，形成室外的大共享空间，并在内部形成的平台上加入交通系统，增强中庭至建筑各功能区的可达性（图 20、图 21）。在堆叠功能块的过程中，要保持建筑形体的平衡。开敞的中庭具有很强的视觉穿透感，再结合建筑上的洞口，给人一种玲珑剔透的感觉（图 22）。

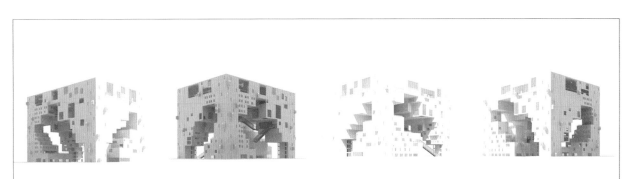

图 22

完整过程见图 23。

1. 确定建筑层数

2. 加入交通核

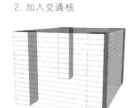

3. 确定剧场模块位置

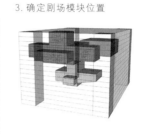

4. 确定其他功能模块位置

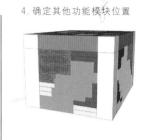

5. 去无功能模块

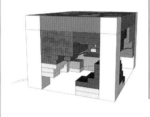

6. 设计表皮

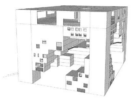

7. 丰富流线，激活中庭

图 23

从方案的生成逻辑来看，两个方案都很合理，没有超出想象的设计。那么到底谁中了标？谁又中了套呢？谜底揭晓——大都会（OMA）建筑事务所中了标，而 NL 建筑事务所中了套。

说到底，认清建筑空间本身的性质很重要。同样的套路，大都会（OMA）建筑事务所将其用在了办公建筑中。办公空间本身是匀质、无差别的，因为复合中庭的植入才被分成了活力空间（非正式）与传统空间（正式）。建筑师通过设

成功的设计：

目标空间

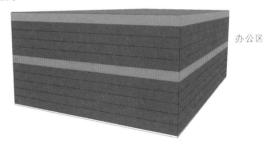

办公区

实际设计空间

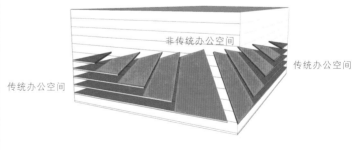

非传统办公空间

传统办公空间

传统办公空间

图 24

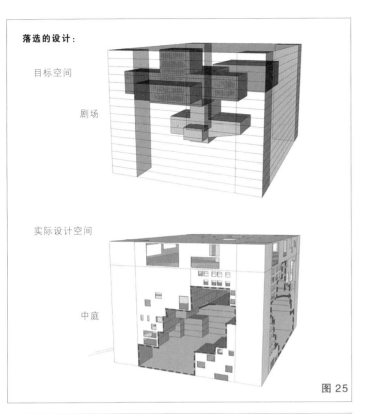

落选的设计:

目标空间

剧场

实际设计空间

中庭

图 25

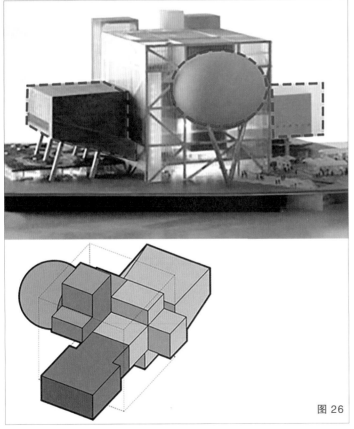

图 26

计技巧有目的地将本来分散在建筑各处的公共行为集中到中庭空间,从而增加空间层次并提高空间效率(图 24)。这就相当于本来是一个白馒头,了无滋味,但如果刷上一层老干妈,当然就变好吃了。

而 NL 建筑事务所是将套路引入剧场建筑中,这个空间本身就是有侧重点的——观演空间承载了建筑最主要的空间功能,也是整个建筑的活力中心,而此时再将复合中庭植入建筑,等于又强加了一个行为中心和活力中心,并且这个中心还占据了使用空间的重要位置,结果导致空间层次混淆,剧场实用性降低(图 25)。这就相当于本来是一个甜豆包,却被抹上了一层老干妈——何必呢?

值得一提的是,台北表演艺术中心竞赛的最后赢家依然是雷姆·库哈斯的大都会(OMA)建筑事务所,他们将剧场作为嵌入主体的功能块,完全将其地位突显了出来,真正做到了为需求而设计(图 26)。在这两个竞赛中,大都会(OMA)建筑事务所都能脱颖而出,可见其对建筑性质的深刻理解和对设计重点的精准把握。NL 建筑事务所因概念创新而入选,却因太过创新而惜败。

什么样的建筑不用做立面

西雅图中央图书馆——雷姆·库哈斯

位置：美国·西雅图
标签：功能，重组
分类：图书馆
面积：38 300m²

图片来源：
图 1 来源于 https://image.baidu.com，图 2、图 5、图 11 ~图 14 来源于 https://www.archdaily.
com/11651/seattle-central-library-oma-lmn，其余分析图为非标准建筑工作室自绘。

每个建筑师都希望自己的建筑有个好看的立面，有个好立面也就是有个好脸面。"颜值即正义"这件事儿，古今通用。不然你以为人们在古希腊、古罗马时期"玩儿命"抠柱式是吃饱了撑的？还是在文艺复兴时期，为了山花比例也能长篇大论是闲着没事儿干？就算到了近现代，柯布西耶也会为了黄金分割和斐波纳奇数列纠结不已。他无非也就是想让自己的建筑更好看一点儿（图1）。

这样看来本文的标题根本就不能成立，怎么会有建筑不用做立面呢？其实，把这个问题稍微转换一下，你马上就能理解了：明明可以靠脸，为什么偏要靠才华？答案就很明显了吧，就是"明明"啊。

图 1

"库明明"（雷姆·库哈斯）大概是因为自己的颜值太高，太令人烦恼，以至于连带着对建筑立面都特别的不屑一顾。比如，下面这个就是"不做立面也能红"系列的代表作——大名鼎鼎的西雅图中央图书馆（图2）。

这个建筑太有名了，以至于它看起来怪异而又莫名其妙的外形都被解读、赞美了几百遍——折板状的建筑外形呼应着西雅图地景中错移的山脉与转折的河流，11层楼高的建筑里是一个结合了传统书籍与当代网络系统的图书馆，是城市的公共客厅。

事实上，其立面的生成过程是这样的（图3）。看起来库哈斯只是将几个平台摞起来，再把空的地方用幕墙糊上，然后收工回家。"想让我再做好看点？抱歉，不存在的。"好了，我们知道"库明明"同学不是靠脸吃饭的，那我们就来看看他的才华吧。

伴随着这座建筑一起走红的还有一张著名的分析图（图4），通过这张分析图我们可以知道这座建筑的成形思路大概可以分为四步：

1. 分析整理出传统图书馆功能的组成和结构。

图2

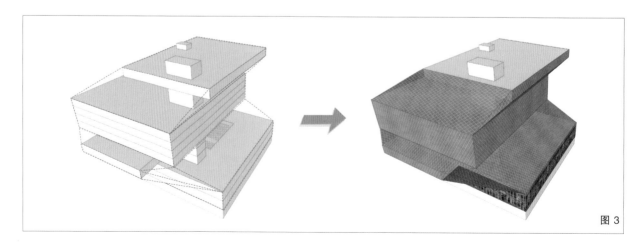

图3

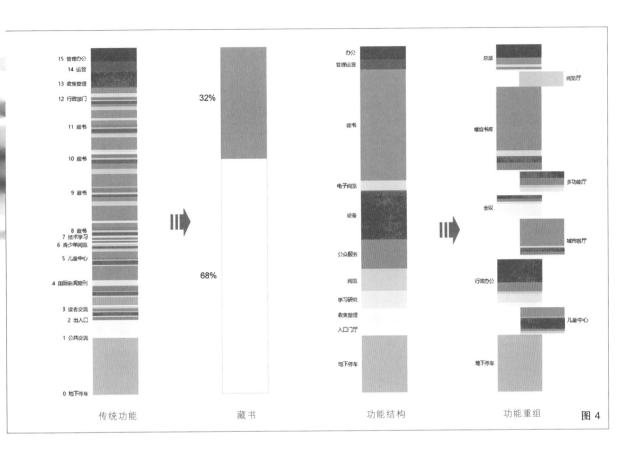

传统功能　　　　　藏书　　　　　功能结构　　　　　功能重组　　图 4

2. 将相同的功能合并，发现图书馆所谓的核心部分——阅读空间占总面积的比例不到 1/3，其余空间均为相对应的社会功能区。

3. 重新分析出新型图书馆的功能组成。

4. 功能重组，将图书馆分为 5 个相对固定、封闭的功能区和 4 个开放的功能区（图 5）。

图 5

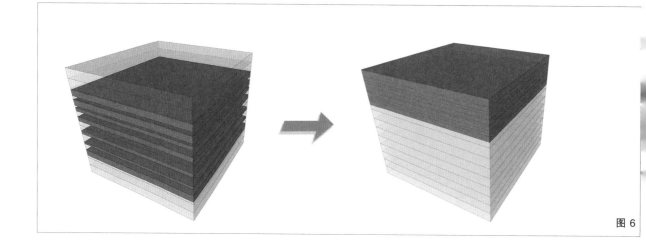

图 6

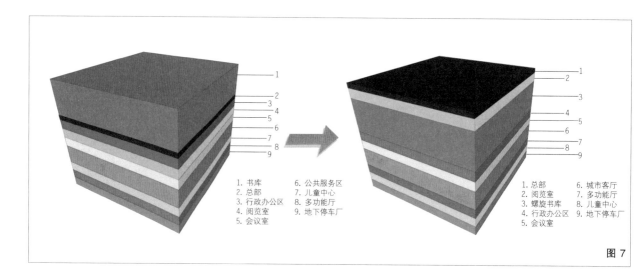

1. 书库　　　　6. 公共服务区
2. 总部　　　　7. 儿童中心
3. 行政办公区　8. 多功能厅
4. 阅览室　　　9. 地下停车厂
5. 会议室

1. 总部　　　　6. 城市客厅
2. 阅览室　　　7. 多功能厅
3. 螺旋书库　　8. 儿童中心
4. 行政办公区　9. 地下停车厂
5. 会议室

图 7

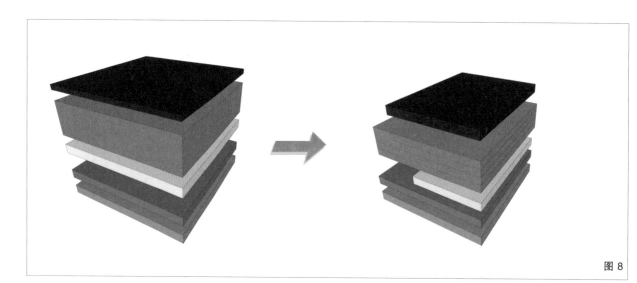

图 8

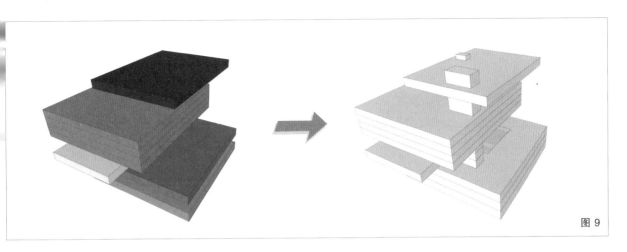

图 9

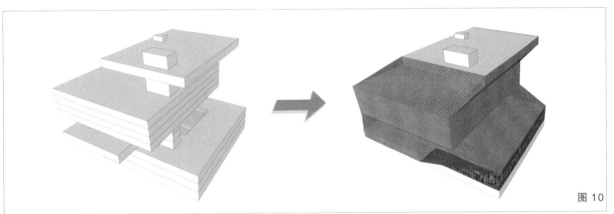

图 10

图 11

具体的操作过程为：

1. 分析传统图书馆分散的阅读空间。

2. 整合阅读空间（图 6 ）。

3. 分析功能组成。

4. 功能重组（图 7 ）。

5. 移除开敞楼层。

6. 调整层高和每层面积（图 8 ）。

7. 楼层错位以适应开敞空间的需求。

8. 加上交通核（图 9 ）。

9. 糊上表皮（图 10、图 11 ）。

学会了吗？相信你肯定学会了。但如果你认为这个功能重组、思维转化就是"库明明"同学的才华的话，那我只能说：少年，你还是太年轻。在西雅图中央图书馆中，功能重组的基本依据是：

1. 传统图书馆的阅读空间被分得很碎，跨学科交流的机会很少，书难以扩充，因此阅读空间被整合到一个螺旋书库中（图12）。

那请问，谁规定图书馆是用来做跨学科交流的？这让大部分寻找专业书籍的读者情何以堪？

2. 图书馆已经从单一的借阅空间转化为人们社交活动的中心，借阅只是其中的一部分功能，还有更多其他事件可以在图书馆中发生（图13、图14）。

问题是，我们为什么不直接建个活动中心或者文化馆呢？要知道，几乎所有的活动中心里都有阅览室。

由此可以看出，"库明明"同学真正的才华并不是功能重组，而是引起争议，俗称——炒作。

在没有任何专业背景和建筑作品的情况下，"库明明"同学就曾发挥他的才能，出版了一本《癫狂的纽约》（*Delirious New York*），给媒体记者们提供了一个月的头条话题，并成功将自己包装成了犀利的建筑改革家。无论是西雅图中央图书馆还是后来的中国中央电视台总部大楼，库哈斯的目

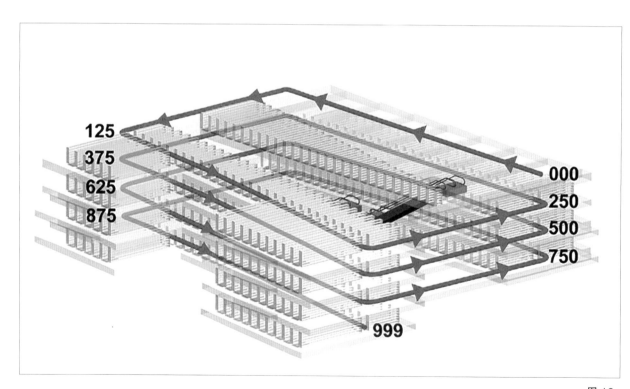

图 12

的都很明确，他这个目的绝对不是他自己标榜的建筑改革，而是将设计新闻化。也就是说，不要害怕争议，向尽可能多的人说出你的观点，或者做出可供讨论的设计。

当然，我没有任何贬低"库明明"同学的意思。正相反，我认为他是真正为当代设计的建筑师。他的设计消除了建筑的物质功能和空间限制——全世界都在谈论库哈斯的设计。他满足的不是工业时代的使用需求，而是互联网时代人们的另一项基本需求——社交话题以及在话题中站队。正如实心眼儿的伊东丰雄所说："雷姆·库哈斯是一个将作为社会现象的建筑转变成令人反感的事件的记者，是世界上唯一属于这种类型的建筑师。"同理，西雅图中央图书馆也是世界上唯一属于这种类型的图书馆。

什么样的建筑不需要做立面？能引起争议的建筑不需要做立面；能制造话题的建筑不需要做立面；能上"头条"的建筑不需要做立面。

我们学库哈斯，学的不是建筑手法，而是面对纷扰时代的胡搅蛮缠能够魅邪一笑，从容淡定地"调戏"回去。所以，连库哈斯都已经老了，你还在纠结门、窗、柱、墙吗？

图 13

图 14

建筑师最大的问题就是假装没有问题

金塔·梦洛伊住宅——亚力杭德罗·阿拉维纳

位置：智利·伊基克

标签：半个房子

分类：经济适用房

面积：5000m²

UC创新中心——亚力杭德罗·阿拉维纳

位置：智利·圣地亚哥

标签：节能

分类：办公

面积：8176m²

图片来源：

图1、图5来源于网络，图2~图4、图8、图9、图11~图14来源于

http://www.ikuku.cn/project/jintamengluoyizhuzhai2004nianzhiliyijike，图15、图16、

图19、图20、图23来源于 https://www.gooood.cn/uc-innovation-center-elemental.

htm，其余分析图为非标准建筑工作室自绘。

图 1

是时候捅破这层脆弱的窗户纸了。从什么时候开始，建筑成了吸人眼球的"网红"，而建筑师成了制造噱头的另一个"网红"？真的没有拿错剧本吗？

上网随便翻翻，便有一大波千奇百怪的建筑涌来，与之相配的是"高冷""半仙儿"的建筑师在侃侃而谈，他们谈梦想、谈理念、谈美学、谈匠心，也谈空间、谈功能、谈结构、谈材料。但是你有没有发现，他们谈的一切都围绕建筑。

我想问，建筑师面对的只有建筑吗？建筑被建起来只是用来解决建筑问题的吗？

日本建筑师筱原一男设计过一个叫作"白之家"的作品，那个空间中最具紧张感和戏剧性的是正中心立的一根奇怪的柱子。二十年后，"白之家"被迫拆掉，但因为主人实在太喜欢那个设计了，就择地重新盖了一座。筱原一男去参观这个新的"白之家"时，总觉得不太对，在建筑师的思维里，不同的地形环境怎么能够对应同一个设计呢？他正寻思的时候，女主人走过柱子，微微往正中心的那根柱子上倚了一下。那一瞬间，筱原一男恍然大悟，原来重建的"白之家"才是真正的建筑（图 1）。

如果说原来的柱子只是面对建筑的设计，那么重建的柱子才是面对生活的陪伴。如果说原来的"白之家"只是建筑师的作品，那么重建的"白之家"才是真正的家。

建筑师要设计的从来都不是建筑，而是生活。建筑师要解决的也从来不仅是建筑问题（真当结构、水暖、电是摆设吗），还有面对生活本身的问题。建筑也不能罔顾外面兵荒马乱，独坐小楼歌舞升平，人生百态才是建筑的底色。似乎很多建筑师都觉得，现代主义那一套已经过时了，所谓的英雄情结也显得不合时宜了。现在物质丰盛了，技术发达了，建筑师不需要拯救世界，只需要"放飞自我"，顺便收点名利，就算"人生赢家"了。我也认为建筑师不需要拯救世界，但建筑师依然需要通过设计去改变世人的生活，而不是只赚钱去改变自己的生活，这个叫本分。

亚力杭德罗·阿拉维纳就是一位本分的建筑师，他于 2016 年获得了普利兹克奖（图 2）。就算他得了普利兹克奖，估计你也不认识他是谁，因为他的成名作长这样（图 3、图 4）。

图 2

图 3

光看这照片，就知道它这辈子都"红"不了。当然这位建筑师关心的也不是建筑应该长什么样，怎么建造才能"红"，而是资本、社会环境、政策、位置等这些直面生活本身的困难。亚力杭德罗·阿拉维纳最卓越的地方就是没有将问题简单化，然后得出一个看似复杂的答案，试图掩盖所有的问题——就像如今很多建筑师所做的。相反，他正视所有问题，并通过设计的力量找到了一个共赢的解决方案。

图 4

1．项目选址

建筑师受到智利政府的委托，要用每户 7500 美元（约合人民币 53000 元）的政府补助在智利北部的城市伊基克建造 100 户经济适用房。

这其实并不困难，如果你只面对政府委托的话。标准的答案是在远离市中心的郊区找一块便宜的地，建一些常见的简单住房（图 5）。这只是一项任务，只要赚点小钱，不赔本就行，至于贫困住户的生活问题，那不是建筑需要解决的问题。

当然，作为我们故事的男主角，亚力杭德罗不会这么想。

这些需要被安置的住户大多是背井离乡来到大城市讨生活的，远离市

图 5

区的土地固然便宜，但将住房建在那里，方便的只有例行公事的政府和图省事儿的建筑师，却将这些本就举步维艰的住户推向了更不堪的生活情况。城市对他们来说不仅意味着机遇，更是生活的来源与希望。在这里可以获得更多的工作机会、更好的教育和医疗、更便捷的交

通，甚至更丰富的娱乐活动。这也是为什么城中村的住户即使居住条件恶劣，也不愿搬到郊区足够宽敞的公寓中的原因。因此，亚力杭德罗决定将项目选址在靠近市中心的位置，这在智利还是可以实现的，只不过其地价要比郊区贵三倍。

2. 房屋布局

买了高价地之后，资金非常紧张，剩余的资金如果建独立式住宅的话，仅够建 30 户，联排式住宅能够建 60 户，因此，唯一满足户数要求的方法就是建多层集合住宅（图 6）。但多层集合住宅的问题是住户日后不能自主扩展住房的面积。与住户交流之后，这一提议遭到了他们的极力反对，甚至以绝食进行抗议。

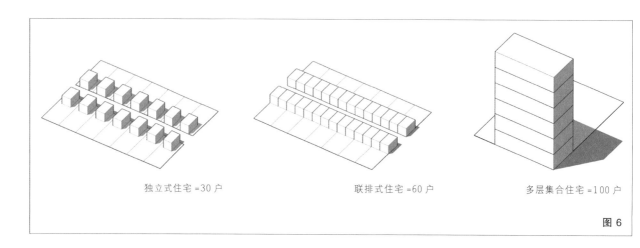

独立式住宅 =30 户　　　　　联排式住宅 =60 户　　　　　多层集合住宅 =100 户

图 6

3. 解决策略

最终，亚力杭德罗·阿拉维纳采取了"建半个房子，剩下的让他们自己建"的策略。

在智利，一个中产阶级家庭住宅的标准面积是 80m²，亚力杭德罗决定用有限的资金将 40m² 的住宅建好，作为整个住宅的一半，另一半则由居民根据自身的情况自行组织建造（图 7 ~ 图 9）。

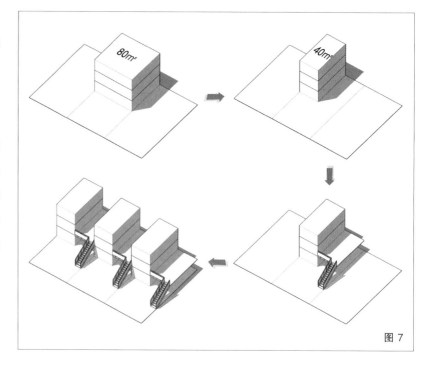

图 7

图 8

图 9

发掘居民的自主建造能力，一方面可以解决资金不足的问题，另一方面，每户居民可以根据自身的经济基础、喜好、品位、成员数量等决定住宅的格局，满足自身的需求。

筑师到底应该建造"哪一半"。对此，亚力杭德罗提出了三个问题：第一，哪一部分更难建造；第二，哪一部分是个人无法实现的；第三，哪一部分能够保证住房在未来的基本品质。

以实现的技术支持（卫生间管道、防火墙、隔音系统、私密性设置等）被优先确立，除此之外，建筑师负责的那一半的功能要满足一个家庭的基本生活需求（图10）。

4. 单个房屋的功能

解决策略确定之后，问题变成了建

根据上述问题，建筑结构、个人难

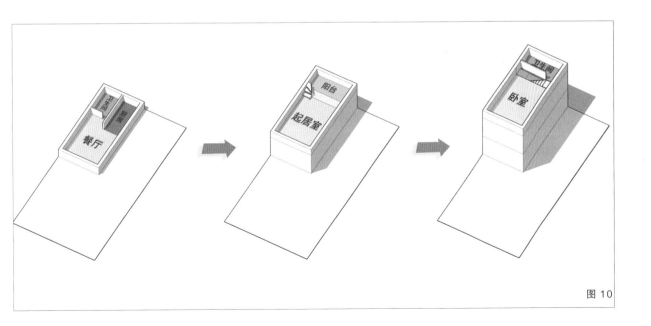

图 10

5. 双赢

亚力杭德罗·阿拉维纳设计的这一批住宅在2003年建造完成，之后，每家每户逐渐完善了自己的住宅，在建筑师设计的整体框架之内，每户都有着自己的特色。建筑师和住户合作构建了一个独一无二的社区。随着时间的推进，这些住宅也随着城市的发展逐渐升值。但直到现在，也没有一户人家卖掉自己的房子，因为这里靠近市区，有大量的工作和教育的机会，这是对底层家庭最根本的实惠，并且升值的房产也为他们将来咸鱼翻身提供了更大的可能（图11、图12）。

图11

图12

图 13

"建一半房子"的策略经过时间的检验，被证明了其优越性，随后在智利和墨西哥被广泛采用。亚力杭德罗·阿拉维纳在后来参与的社会住房项目中，也多次沿用了这种做法（图13、图14）。客观来讲，这种策略只适用于资金极度短缺的住宅项目，如果资金相对充足，统一建造显然要比居民自建更有效率，更节省资源，也更便于管理。但是，建筑师的伟大之处不就是能在那些不可能生活的地方创造出生活的希望吗？建筑师设计的不是建筑，而是生活，不仅是那些显性的贫困生活，还是那些我们习以为常的普通生活，甚至是那些看似完美的耀眼生活。

图 14

真实的生活就是人们各有各的问题，也各有各的向往。你羡慕我的锦衣玉食，我嫉妒你的杏花微雨。建筑设计的可贵之处不仅在于它面对那些底层生活时的慈悲，更在于它能揭开生活华丽的外袍，翻晒霉斑与虱子。我喜欢亚力杭德罗的原因就是他并没有沉迷于拯救穷人的英雄梦，而是有勇气直面所有的生活，如这个智利天主教大学的 UC 创新中心（图 15、图 16）。

与为贫民建造经济住房不同，这个项目的甲方是智利天主教大学，资金充足。很多时候，钱是可以掩盖很多问题的，这也是建筑师可以假装没有问题的最大保障。玻璃幕墙很晒可以装空调，自然采光不行还有日光灯，至于什么能源浪费、光污染，这都是环境问题，不是建筑问

图 15

图 16

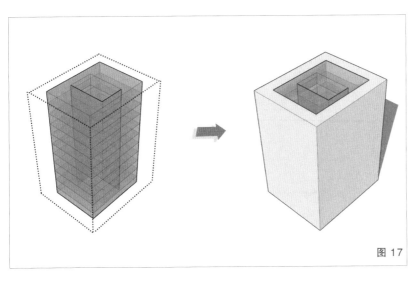

图 17

题。即使现在环境危机已然爆发，很多建筑师也甘做鸵鸟，不是做做样子，要个噱头，就是让相关专业介入，自己被动接受，真的很少有建筑师愿意通过设计本身去改善环境问题。

幸好还有亚力杭德罗。

智利属于炎热的沙漠气候，混凝土外表可以应对当地严酷的环境，减少对空调的依赖，这也是确立建筑形象的依据。但亚力杭德罗并不是做了一层混凝土表皮（表皮只能阻挡阳光直射，无法抵御炎热空气的侵袭）而是做了一个空心混凝土圈来保护建筑内部（图17）。建筑立面开窗均向后退，避免了阳光直射，开窗形成的洞口成了室外活动的场所，同时开窗设计还形了成空气对流（图18～图20）。

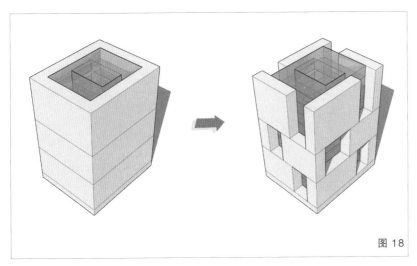

图 18

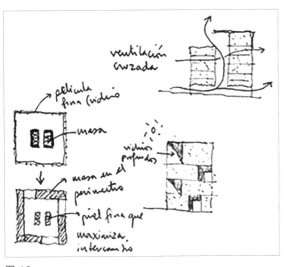

图 19

图 20

四周的空心混凝土层布置卫生间、储藏室、公共空间等辅助功能。办公区位于建筑内圈，通过中庭采光（图21）。

最后，亚力杭德罗对局部体块进行了悬挑，这显然是出于美学上的考虑。最初的造型过于均质，缺少变化，悬挑后增加了造型的丰富性，强调了主要的立面。混凝土材质与规整的几何造型显示出一种"重剑无锋，大巧不工"的朴实和厚重（图22、图23）。

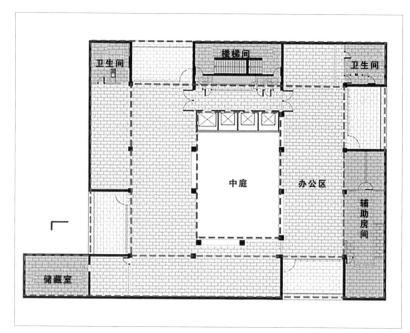

图 21

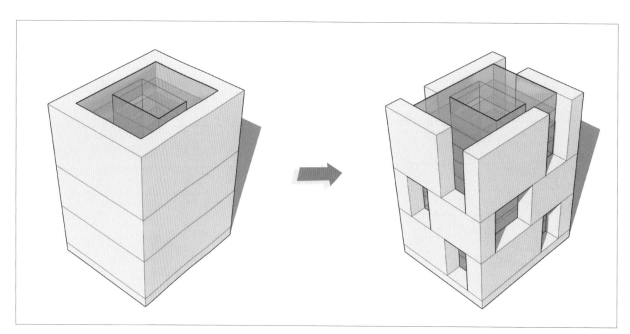

图 22

图 23

亚力杭德罗说："设计是把一种生命力量注入建筑灵魂的尝试。"因为建筑
不只是建筑，从诞生之日起，它们便庇护着人类的脆弱，守护着人类的成长。
它们不是冷冰冰的石头混凝土，而是人类社会最长情的陪伴。

建筑之外的问题才是建筑真正需要面对的问题，毕竟我们都生活在没有英雄
拯救的世界，每个建筑师都应该为人类最朴素的向往做最大的坚持。

毕业后，终于可以把设计做成自己讨厌的样子了

森林住宅——平田晃久

位置：日本·东京

标签：体积规划

分类：住宅

面积：331.38m²

图片来源：

图2、图14来源于网络，图3~图6、图13、图15~图17、图25、图31来源
于http://baijiahao.baidu.com/s?id=1598515739121395351&wfr=spider&for=pc，
其余图片为非标准建筑工作室自拍和自绘。

图 1

如果你去各大设计院，问那些眼袋严重、精神恍惚却还死盯着屏幕的建筑师们，最讨厌做的设计是什么，他们大概会头也不抬地回答："住宅！强排！别烦我，容积率又算错了！"

不要着急反驳，我来帮你说："房子、车子都要钱，全家老小要吃饭，谁不想去主持项目，设计鸟巢、水立方？可是分配给我的工作就是做住宅啊。"真的好有道理。只能说，不想改变的人有 1000 个理由原地踏步。不说别的，就说住宅。我们是不是都忘了曾经推崇过、临摹过、分析过的那些经典作品有一半以上都是住宅？什么密斯、赖特、柯布西耶就不提了，虽然我们都心心念念着去萨伏伊别墅"打卡"（图 1），即便是现在还活跃的明星建筑师们，有一大部分也是靠住宅起家的，特别是备受推崇的日本建筑师，有一个算一个（图 2）。

虽然日本的住宅很少是整体开发的，但不代表建筑师不需要解决问题，而这些问题可能比容积率和日照要复杂得多。日本国土面积小，但人口密度极高，很多住宅项目处于建筑密集的居住区，用地狭小，而且在一小块用地内，有时可能不只住一户人家，而是多户，这就是日本的集合住宅。

图 2

图 3

在狭小的建筑空间中，要承载一个家庭必不可少的衣食起居，车库、卧室、卫生间、书房、客厅，即使可以垂直发展，也是难度很大的设计。如果给你如此严苛的条件，要求你不但要满足基本生活需求，还要满足甲方业主的各种个人兴趣，最好再有点儿创新性的突破，你要怎么做？大概会无限怀念那些听着肥皂剧排户型的日子吧。然而，这才是建筑师最让人为之喝彩的地方。

在这一节里，我们要拆解一个既私密又复杂的日本住宅（图 3 ～图 6）。看着是不是很复杂？但就像我之前说过的那样：越复杂的建筑，越需要一个简单、直接的逻辑来控制。下面我们来一步步分析。

图 4

图 5

图 6

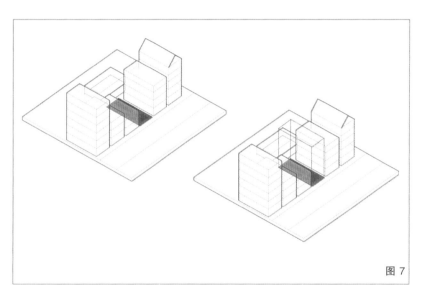

图 7

首先是基地的范围。基地一侧是道路，其他三侧均是建筑，而且与旁边建筑的间距均不足 1m。基底面积也很小，长边 14m，短边仅有 6m（图 7）。如果按照最常规的布局，也许我们会这样设计：楼梯和电梯在中间位置，卫生间布置在楼梯间对面，体块两侧是房间（图 8）。但这样布局的缺点也显而易见：空间简单乏味，没有变化，中间的走道完全没有采光。

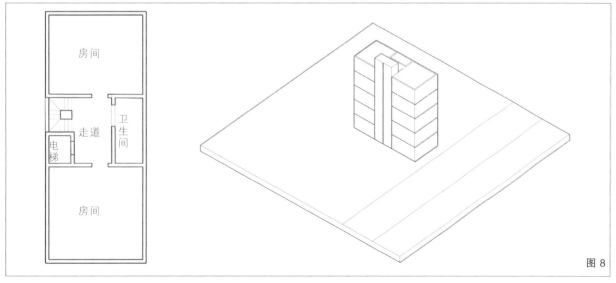

图 8

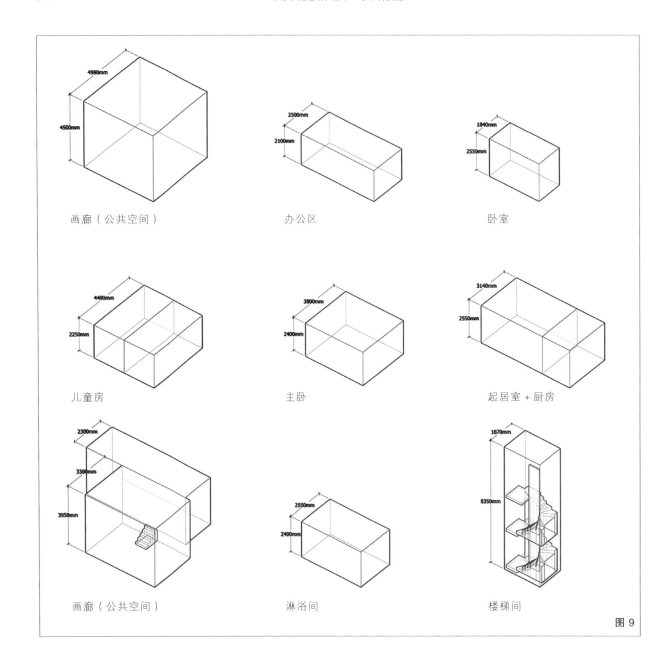

画廊（公共空间）

办公区

卧室

儿童房

主卧

起居室 + 厨房

画廊（公共空间）

淋浴间

楼梯间

图 9

该项目的建筑师采取的方法是先对各个功能进行体积规划。对，是体积，而不是面积。不同的功能不仅面积不一样，所需的层高也不同，这有些类似于阿尔瓦罗·西扎所采取的方法，但西扎的各个空间虽然层高不同，却是连续的，而该建筑的各功能块都是相互独立的（图 9）。

各个体块沿着垂直的功能分区，向上垒起来，并且围合出一个小天井，以解决内部采光不足的问题（图 10、图 11），最后通过垂直交通系统将各个功能串联起来（图 12、图 13）。

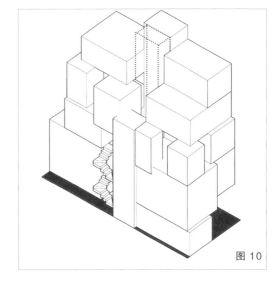

图 10

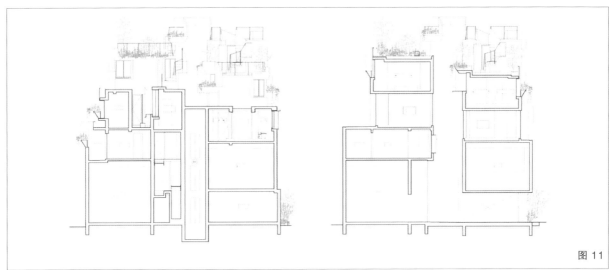

图 11

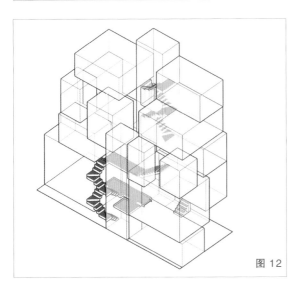

图 12

图 13

图 14　中国台北表演艺术中心 、丹麦 UCN 学习中心

到这一步，整个建筑基本的功能布局和建筑形态已经出来了。这种空间组织其实有点类似于模块化空间（图 14、图 15），但一般模块化建筑是先确定整体体量，然后减去一些模块形成室内空间，而这个建筑是将模块相加构成室外空间。并且，一般模块化建筑的模块都相同，而该建筑根据功能的不同，模块也都不一样（图 16），这也使得这种空间相对于模块化空间更加灵活，形态更加自由，更适合居住建筑。

图 15　森林住宅

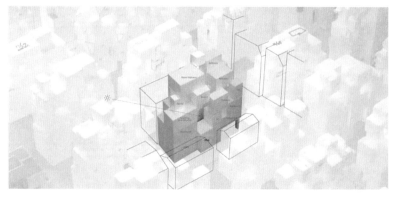

图 16

最后，为了使建筑形态更加丰富，建筑师还对该住宅的开窗做了特别的处理，这也形成了这个设计最大的特色（图 17）。这些开窗其实可以理解成模块化逻辑的延续，只不过体量更小（图 18）。

图 17

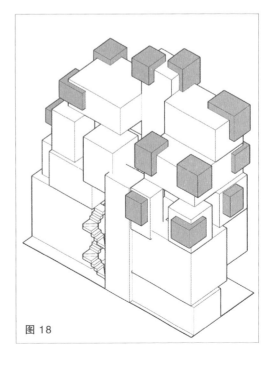

图 18

这些模块根据位置的不同可以分为三种：第一种，平行于墙面（图19、图20）；第二种，位于墙面交角（图21、图22）；第三种，门窗加楼梯组合（图23、图24）。

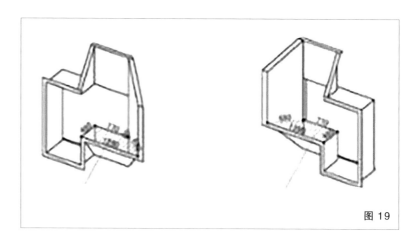

图 19

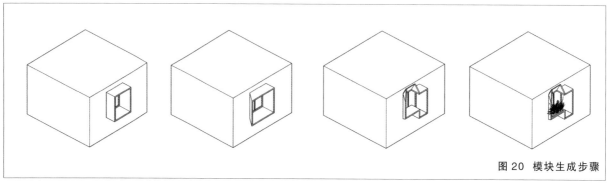

图 20　模块生成步骤

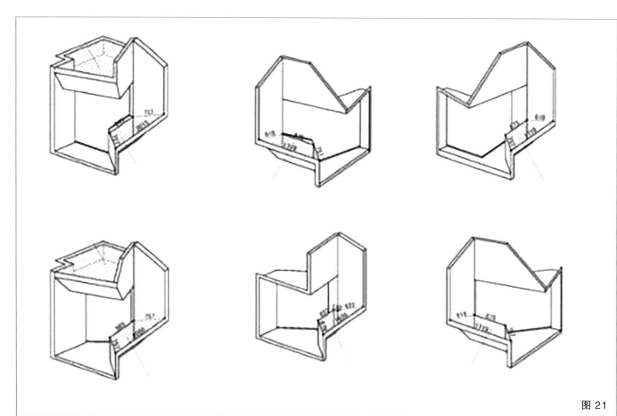

图 21

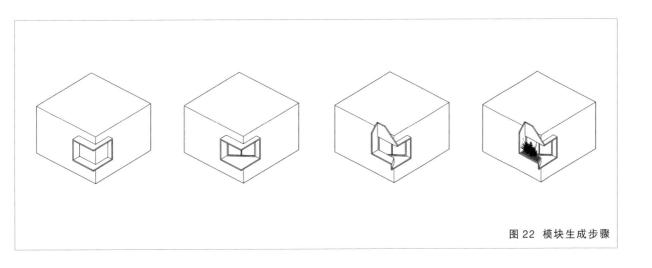

图 22 模块生成步骤

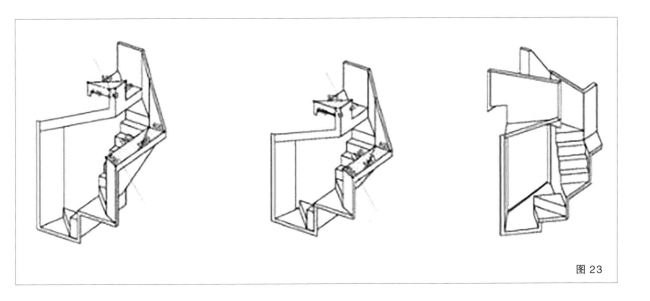

图 23

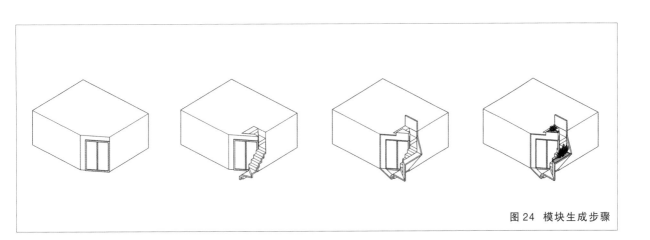

图 24 模块生成步骤

这些模块延续了整个设计的逻辑，由于其处于端头，像一棵树的分杈一样迸发开来，满足采光的同时也使整个建筑如同自然长成的一般，有机而统一（图25）。

图 25

让我们看一遍完整的过程：

1. 确定各个功能的体量及布局（图 26 ~ 图 28）。
2. 用垂直交通系统将各功能块联系起来（图 29）。
3. 确定开窗位置并对窗户做进一步处理（图 30、图 31）。

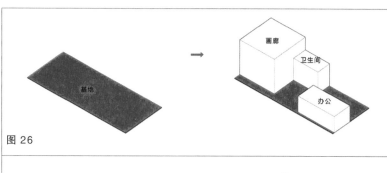

图 26

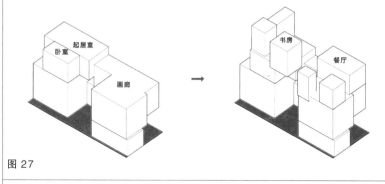

图 27

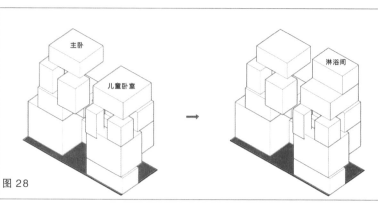

图 28

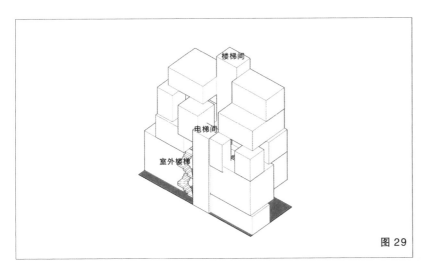

图 29

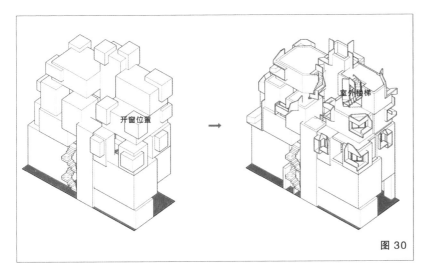

图 30

图 31

当然，长年生活在北方的同学可能会觉得，把住宅做成这样，就算夏天没有被热死，冬天也得被冻死。可是，这个住宅在东京，那里属于亚热带季风气候——冬季温暖，夏季凉爽，而每个建筑其实都是在解决当时、当地的问题。

没有万能模式并不可怕，可怕的是连现有的问题都解决不了。同样，天天做住宅也并不可怕，可怕的是连住宅都不会做。在大学建筑系里，我们见过太多才华横溢的同学，一二年级就能把方案做得比扎哈·哈迪德还"炫"，而每个年级里也总有几个如传说般存在的"学霸"。一年又一年，一届又一届的"学霸"毕业了，然后，就没有然后了。

我们总把理想建筑和完美设计等同于没有任何条件限制的任意发挥，却忘了即使是作为艺术作品的建筑，也是在各种矛盾与妥协的夹缝中倔强绽放，才能有别于雕塑、绘画等纯艺术作品独树一帜。每一个设计项目都有特殊的设计条件，你认为这是限制，它就是你头上的紧箍咒；你认为这是礼物，它就是创意的沃土。

愿你出走半生，归来仍是少年。

请叫我"薛定谔的设计师"

卡尔加里多户住宅村——Modern Office 建筑事务所

位置：加拿大·卡尔加里

标签：模块

分类：住宅

面积：5759m²

图片来源：

图1、图4、图5、图9、图13、图17来源于 http://www.moda.ca/Village，

图2来源于 Google Earth，图8来源于 http://www.pinsupinsheji.com，

其余分析图为非标准建筑工作室自拍和自绘。

不认识薛定谔的请自觉面壁 5 分钟。

奥地利物理学家薛定谔做过一个著名的试验。他把一只猫扔进盒子里，盒子里有食物、有毒药，毒药由开关控制，开关则由放射性粒子控制，如果粒子衰变，则开关打开，释放毒药。而粒子是否衰变、几时衰变，都是随机事件，这就意味着，如果不打开盒子，你就不知道猫是死是活。所以盒子中的猫处于活与死的叠加状态，这就是量子论的重要原则之一：不确定原则。这只猫被称为"薛定谔的猫"。

如果有小伙伴还不理解，那请联想一下自己。假如你被扔进一个设计院，画图就能活，不画图就饿死，但身边有一个处于量子状态的甲方，可以让你加班被累死，也可以不给钱让你穷死，而这一切都是随机的，所以你从始至终都处于一种生与死的叠加状态，那么你就可以被称作"薛定谔的设计师"。更重要的是，处于量子状态的甲方还经常会提出一些"叠加态"的要求，如做一个五彩斑斓的黑，logo 变圆的时候再方一点，空间要既复杂又简单等。

还有下面这个卡尔加里多户住宅。叫什么名字不重要，你只需要记住这是一个"又大又小的建筑"就可以了。项目位于加拿大艾伯塔省卡尔加里，周边都是普通的北美住宅（图 1、图 2）。不得不承认，加拿大的居住环境确实不错，都是低层小洋楼，毕竟地广人稀嘛。甲方提的要求也很简单：在一片空地上建 69 个住宅单元。

图 1　　　　　　　　　　　　　　　　　　　　　　　　　　图 2

空地不算大，把建筑体量放到基地内大概是这样（图3），这个容积率感觉有点儿"超纲"啊。大概甲方也觉得把这么一个庞然大物放这儿不太合适，所以就提了个很"薛定谔"的要求：能不能让建筑看起来小一些。呃，嫌大您倒是少盖点啊！

所以总结一下，甲方提的要求就是"做一个既大又小的建筑"，大到能满足容积率要求，小到能与周边小房子融合，不能太突兀。你以为这样就完了吗？那你真的是太小看甲方的不确定性了。虽然这明摆着就是一个经济适用房的剧本，但满足不了甲方的账本：你看看能不能再设计出几套别墅？所以再次总结一下，甲方提的要求就是"做一个既大又小、既有经济适用房又有豪华别墅的建筑"。

最终建筑师做出来这样一个方案，并获得了甲方的认可（图4、图5）。

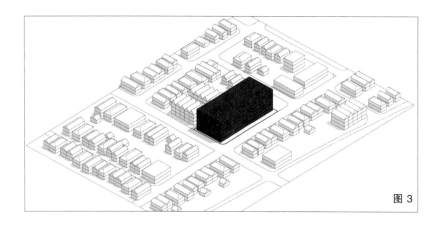

图3

图 4

图 5

建筑的体量并没有变，但建筑师将建筑切分成一个个的小房子，小房子高低错落，削弱了建筑的体量感。而在视觉上，建筑是一堆尺度适中的小房子的集合，与周边建筑比较协调，并不显得突兀。这个就叫既大又小，"大"是体量大，"小"是尺度小。

★划重点：

其实这就是一种模块化的设计策略。模块单元能消解建筑的体量感，模块的错落和变形还可以形成丰富且逻辑统一的室外空间。模块空间接近人体尺度，容易使人产生亲近感。

让我们看看具体的操作步骤。

第一步：模块化

首先，确定建筑的边界。由于容积率高，又不能做高层，所以建筑基本上把场地占满了。其次，确定层高及住宅单元的面宽与进深，然后以半个住宅单元为一个模块。模块就是我们进行后续操作的基本单位。最后，确定建筑层数（图6）。

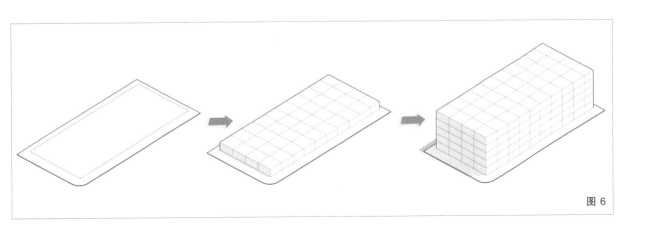

图 6

第二步：调整形态

通过对日照及周边环境的分析发现，建筑呈现东北角高、西南角低的形态会获得最大化的采光与视野。一般建筑如果进行这种操作，势必会形成很多异形的房间，但模块化建筑可以通过模块的加减轻易实现类似的效果，让尽可能多的模块获得良好的采光和视野。同时，模块的加减还会形成丰富的室外空间（图7）。

到这一步，该方案就呈现出模块化住宅的标准外形了，我们看到的大部分模块化住宅都长这个样子。其设计意图大同小异，都是前面提到的将采光与视野最大化，创造出丰富的室外空间（图8）。

但别忘了，甲方还有另一个要求——要经济适用房，也要豪华大别墅。接着往下看。

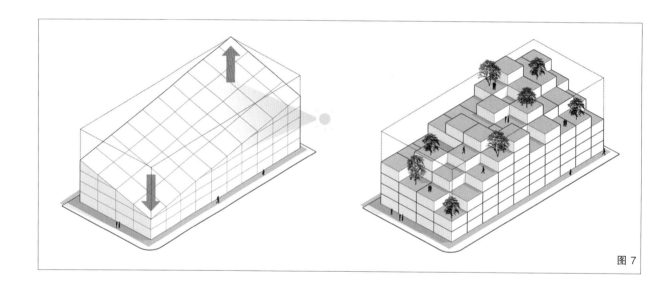

图7

图8

第三步：做空间

一般住宅楼的居住类型都比较单一，最多就是户型上有些区别。然而，这个建筑的居住类型却有4种，除了常见的单层套房以及单身公寓外，还有1.5层的LOFT和2.5层的联排别墅（图9）。

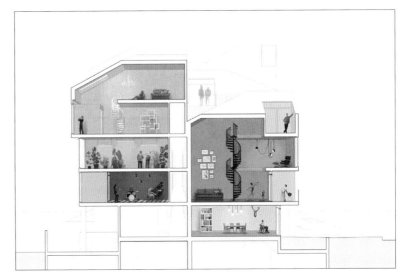

图9

在住宅楼里做别墅，没见过吧？其实别墅这个东西，一般住宅楼也不是不能做，主要是没有意义——除了增加面积之外，居住品质基本没有什么提升，那还算什么别墅？但在这个模块化的住宅楼里，顶层不仅有360°全景视野，更重要的是还有很多庭院——这才是别墅的"标配"好不好（图10）！

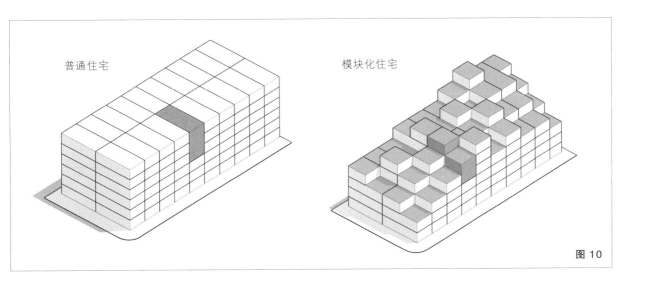

普通住宅　　　　　　　模块化住宅

图10

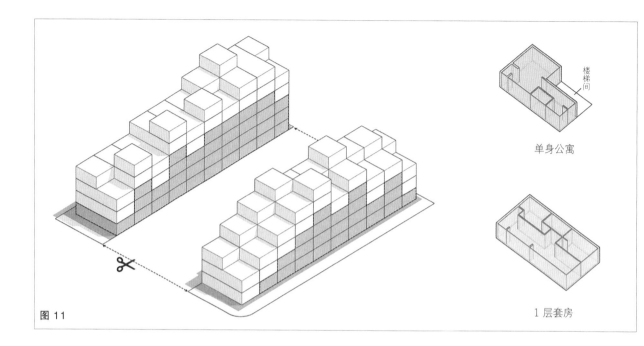

图 11

楼梯间

单身公寓

1 层套房

具体布局是小面积的居住单元（如单身公寓和单层套房）被安排在建筑底部，更接近地面和周边社区，价格当然也更优惠（图 11）。而大面积的联排别墅和 LOFT 被安排在建筑顶部，有更好的采光和视野，有私人独立庭院以及保护隐私和额外设施（图 12）。

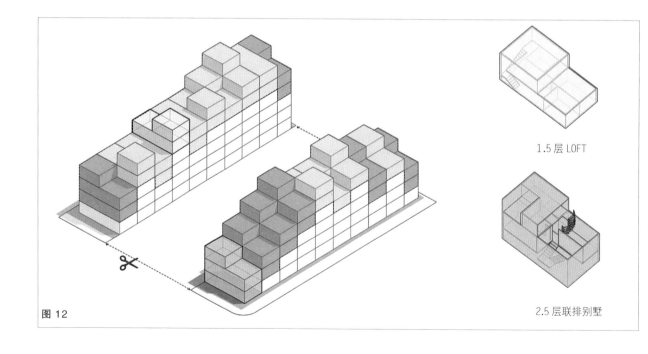

图 12

1.5 层 LOFT

2.5 层联排别墅

图 13

多样化的住宅类型形成了一个充满活力的社区，不同背景的人生活在
这里，可以产生更多意想不到的互动。这种将不同住宅类型堆叠起来
的方式也为居住建筑的开发提供了一种新的设计思路（图 13）。

第四步：加坡屋顶

这也是该建筑形态上区别于其他模块化住宅最重要的一点。但客观地说，这一步其实有利有弊。错落有致的屋顶削弱了模块化住宅的那种生硬感，使该建筑与周边环境更加协调，但同时也损失了大量屋顶庭院的面积，在一定程度上削弱了模块化的优势。但设计就是这样，没有最完美，只有最合适。

坡屋顶的具体做法如下（图14）。

为了进一步扩大顶部庭院的视野，将屋顶进行错位设计（图15），并形成最终效果（图16、图17）。

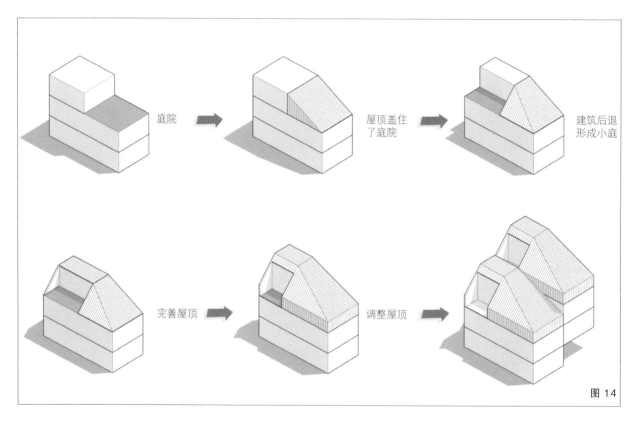

庭院　　→　　屋顶盖住了庭院　　→　　建筑后退形成小庭

完善屋顶　　→　　调整屋顶　　→

图 14

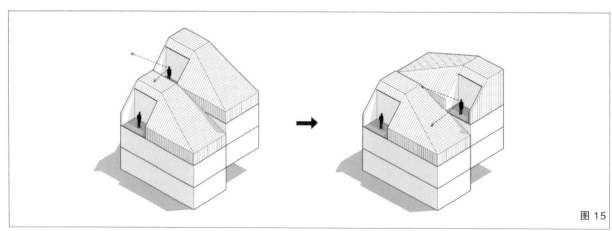

图 15

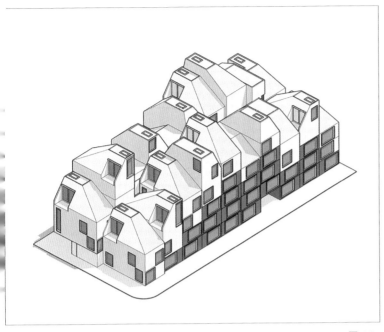

图 16

这几年，量子物理的各种名词都是建筑界的"新宠"，然而，当我们用建筑的语言去牵强附会时，大概忘了这个现实的世界本身就是量子态的。

建筑是死的，人是活的，而建筑师是可以连通死活的。特别是各路甲方，更是一个个鲜活而又灵动的"量子"——他们那些自相矛盾、不可理喻、莫名其妙、天马行空的要求或许就是这个自相矛盾、不可理喻、莫名其妙、天马行空的世界的真实需求。

我们永远不可能做出一个叠加状态的"薛定谔建筑"，但我们是真实地满足那些叠加需求的"薛定谔的建筑师"。

图 17

什么样的建筑师不熬夜赶图还能躺着中标

巴洛克国际博物馆——伊东丰雄

位置：墨西哥·普埃布拉

标签：模块，扭转

分类：博物馆

面积：18 149m²

图片来源：

图 1～图 4、图 20、图 21 来源于网络，图 5、图 6、图 14、图 15、图 18、图 19 来源于 https://www.archdaily.cn/cn/786132/ba-luo-ke-bo-wu-guan-yi-dong-feng-xiong-toyo-ito，图 7 来源于 https://www.gooood.cn/bad-thoughts-by-so-il.htm，图 10、图 11、图 13 来源于 https://wenku.baidu.com/view/9f3663781688848868762d634.html，其余图片为非标准建筑工作室拍摄和自绘。

为什么建筑师总要熬夜画图？估计大家都听到过来自亲朋好友的抱怨："你就不能早点开始画吗？非得挤到最后几天熬夜通宵，有意思吗？"没意思，真的很没意思。但如果一个设计周期按一个月算：第一周，构思找资料；第二周，按照构思开始建模、排功能—发现排不下—重新构思；第三周，重新建模、排功能—开始设计交通空间景观，并不断调整构思；第四周，周一定下方案—周二完善模型——周三正式出图。至此，离交图截止日期还有 5 天，这还是在排除了甲方时不时地来点儿建议或临时通知提前汇报的情况下。所以，不是建筑师"有意思"，而是建筑设计本身就是这么个"有意思"的工作。

那么，问题来了，这个世界到底有没有不用熬夜赶图的建筑师生存方式？答案当然是——必须有！其实说白了也很简单——就是平时闲着没事儿就做方案，等甲方来了就挑一个卖给他。那么，问题又来了，每个项目的需求、环境都不一样，怎么可能未卜先知，提前做好方案？我们看看日本建筑师伊东丰雄的做法。

不管什么功能、什么需求的建筑，其实只有两种空间——开放空间和封闭空间，而每个方案本质上就是在设计不同开放空间与封闭空间之间的排列组合。那么答案已经很明显了。什么样的空间能够提前设计好，并且能适应一切建筑项目？当然就是既封闭又开放的空间了！从成名作——仙台媒体中心开始，伊东丰雄就有目的地在开放空间中寻求空间限定：划分网格并加入节点，以打破空间的均质性，设定心理界限或者视觉上的空间界限——就像鱼儿在海草之间自由自在地游动一样（图 1 ～图 3）。

图 1 岐阜媒体中心　　　　图 2 东京多摩美术大学图书馆　　　　图 3 仙台媒体中心

但是，不管伊东丰雄自己说得多么好听，提前准备好一个能适应本身要求空间开敞的模式肯定是比较容易的，实际上，将近一百年前，密斯·凡·德·罗在巴塞罗那世博会德国馆里就已经这么做了，密斯把这个叫流动空间（图4）。所以，要想实现不熬夜画图还能躺着中标的人生理想，最重要的是让所谓的流动空间适应那些本身要求空间封闭的建筑项目，这才是伊东丰雄真正"彪悍"的地方。

直接看成果——巴洛克国际博物馆（图5）。

图4

图5

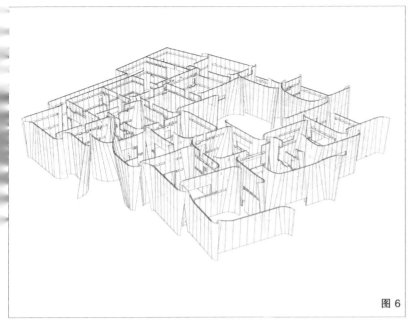

图 6

博物馆需要有一个个相对独立的展馆，但又需要引导人流自然地完成对所有展厅的参观。伊东丰雄准备好的空间模式（图 6）是把建筑划分成了独立的单元格——"封闭"有了，"开放"在哪儿呢？"开放"当然是通过墙面洞口来实现的。但是，所有的封闭房间都会开洞口，怎么开才能实现既封闭又开放的空间效果呢？这是个技术问题。

★ 划重点：

拿小本本记好了。

第一，洞口尺度不能太大。否则"开放"是有了，但"封闭"又没了。

第二，洞口要开在边角处。边角开洞的处理手法大概有两种。

1. 边角切割

在这个展览空间中，伊东丰雄也是将空间划分为一个个单元，但为了增加开放性和流动性，他将单元的边角进行了切割（图 7、图 8）。

图 7

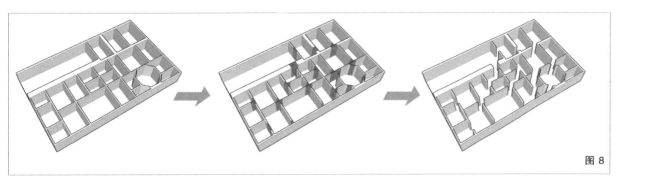

图 8

在一个方形空间中，角部空间是相对消极静止的，而边角切割后可形成连通几个展厅的过渡空间。每个展厅的四角均为出口，参观者可以自主选择观展流线（图9）。

2. 边角掀开

在设计巴洛克国际博物馆之前，伊东丰雄其实已经将这个方案卖过一次了——美国伯克利美术馆（图10、图11），但这个项目因为经费原因取消了，不过也无所谓，拿回来修补一下，接着投还能中标。

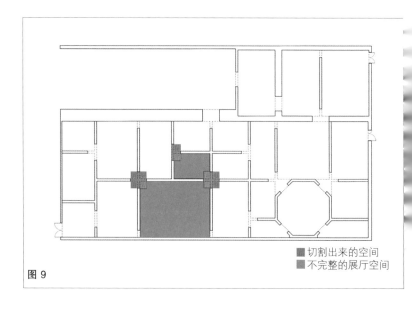

■ 切割出来的空间
■ 不完整的展厅空间

图 9

图 10

图 11

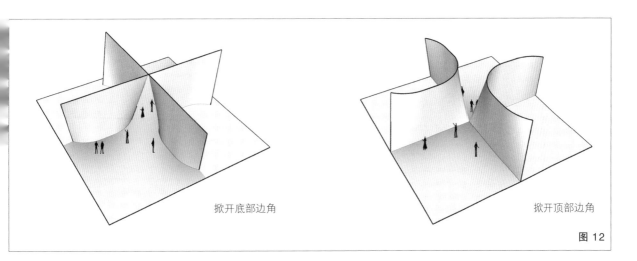

掀开底部边角　　　　掀开顶部边角

图 12

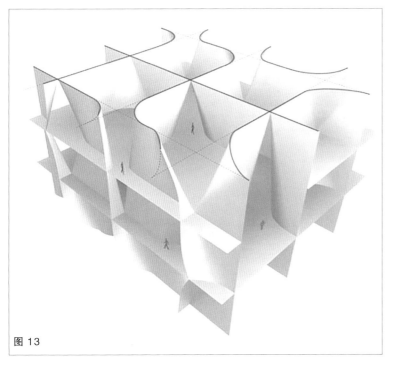

图 13

在伯克利美术馆中，对于同一主题的展厅，伊东丰雄将底部边角掀开，保持单元间的连续，而对于不同主题的展厅，则是将顶部边角掀开，保持视线通透但空间不连续（图 12、图 13）。

在领悟到既封闭又开放的空间秘诀后，我们回到巴洛克国际博物馆，可以说在这个方案中，伊东丰雄采用的是上述两种手法的结合版（图 14、图 15）。

图 14

图 15

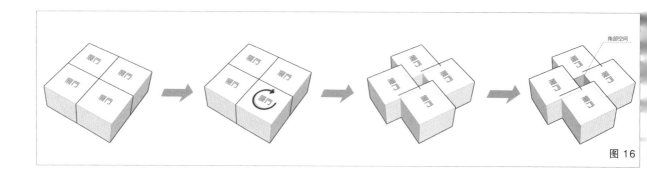

图 16

首先，对边角进行处理，产生角部空间。但伊东丰雄并不是对边角进行
切割，而是将每个单元块进行旋转，从而在不破坏展厅的完整性的同时
创造出一个独立的角部空间（图 16）。

其次，对墙面进行变形处理，但他采取的动作不是掀开，而是将墙面进
行了弯曲，使每个单元均有一种顺时针旋转的趋势（图 17、图 18）。

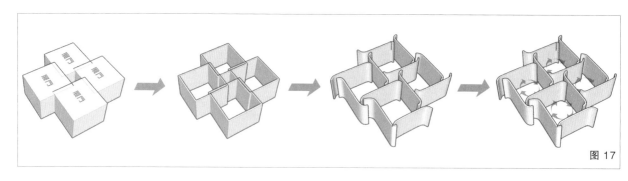

图 17

图 18

顺时针旋转的展厅由角部空间相互衔接,而角部空间同时又是采光井。跟随着光线的指引,便可以沿着弯曲的墙面到达角部空间,随即自然地进入下一个展厅,整个过程如流水般顺畅(图 19)。

图 19

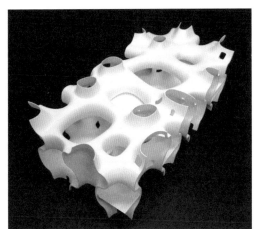

图 20

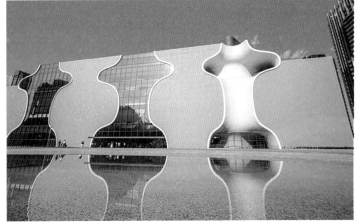

图 21

我们完全有理由相信,这种既开放又封闭的空间模式对应的是不是巴洛克国际博物馆根本无所谓,换个其他什么博物馆、美术馆、展览馆也都完全成立,就算伊东丰雄一高兴塞个剧院进去也很好——台中大都会歌剧院不都建成了吗(图 20、图 21)?

这个世界上的设计师大概分两种:一种是卖产品的,如工业设计师、游戏设计师等,其设计成果会转化成商品投入市场;另一种是卖服务的,包括建筑师、平面设计师、室内设计师等,都是在为某种需求提供定制设计服务。而伊东丰雄属于第三种——为定制服务提供产品设计。与其天花乱坠地向甲方推销自己,不如静下心来琢磨设计本身,"愿者上钩"才最惬意也最得意。

任务书

亲爱的建筑师小伙伴们，无论你们是从开头开始认真阅读到了这一页，还是随手翻到了这儿，反正我就是默认你已经掌握了一只手数不过来的当代建筑的设计方法，是金刚钻儿还是玻璃碗儿，咱拿出来瞧瞧。

少年，我看你骨骼清奇，必成大器，先来做俩方案吧。
嗯，你现在跑也来得及。

设计任务书 A

一、设计概况
项目用地位于某市一条贯穿城区的河流岸边（详见图 1），沿岸风景优美，拟建一座连接城市与河畔景观的文化中心。设计内容包括博物馆和电影院，项目面积为 8500m²。

二、设计要求
1. 文化中心将作为城市和河畔景观的连接器，需融合艺术品、游客和这座城市本身的需求进行设计，以结合当代空间模式和生活方式的设计策略，通过建筑与环境边界围合和联结不同的方式，使文化中心与周边建筑形成一个重要的区域性地标项目，达到改善城市环境的目的。

2. 本项目为全球公开招标，请考虑如何在投标中战胜大都会（OMA）建筑事务所、隈研吾建筑都市设计事务所、BIG 建筑事务所等公司。

三、设计内容
1. 建设控制指标
整体设计用地（详见图 2）：
高度：≤ 8 层。

总建筑面积：8500m²（可上下浮动 5%，鼓励设置多种开放空间）。

2. 建筑功能构成

此次设计的重点空间是博物馆和电影院（不少于 6 个观影厅），设计需考虑到两种功能对空间的要求，此外，还应包括公共用房部分（门厅、餐饮区、多功能厅、活动休息区），附属服务用房（卫生间、办公室）等。

图 1

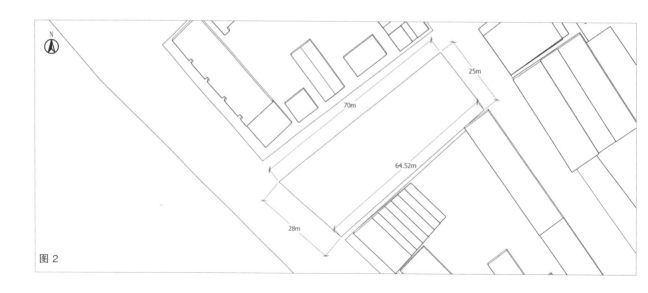

图 2

设计任务书 B

一、设计概况

本项目是一个主要用于办公的总体规划，同时配备大型商业建筑及相关配套用房的综合性开发项目。基地位于中国南方某城市的湖畔东侧，地处东岸绿岛之上，周边湖水环绕，河流经过，生态环境极其优越（图3）。

二、设计要求

1.随着中国经济从以生产为基础的系统转型为以服务为驱动的模式，该市的地方政府主动提出该项目的总体规划，旨在为公司办公与创业提供最先进的资源和网络。

图3

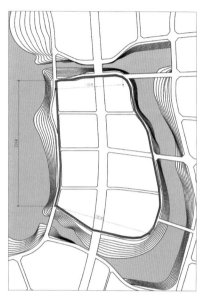

图 4

本项目应重点考虑如下功能：科研机构区、办公区、商业区、住宅区、会展区和休闲区，以混合使用方式为核心，着重提供灵活的办公空间和共享的资源中心。

本项目应当体现空间交流，为初创企业提供实况实验、相互交流以及与投资人直接对接的空间平台。此外，本项目应当强调打造区域田园式风格，并结合该城市的气候来进行设计。

2. 牢记你是一名建筑师，请考虑如何在竞赛中打败规划师，并展现建筑师的优势。

三、技术指标

本项目的总规划用地面积约 671 000m²，净用地面积约 373 000m²，总体规划容积率 2.5 ≤ S ≤ 3.0。其他基本指标需要满足国家和当地相关规范要求。

具体用地范围如图 4 所示。

四、成果要求

设计成果要求含有以下内容：
功能布局、空间形态、重点建筑单体概念设计、地下空间专项概念设计等总体设计和交通、智能化、绿色生态、可持续设计等子系统设计。

想知道自己方案做得好不好？***请自行查阅《非标准的建筑拆解书（方案推演篇）》。***对，这就是一条伪装成任务书的广告，买不买随便你。

索　引

敬告图片版权所有者

为保证《非标准的建筑拆解书（思维转换篇）》的图书质量，作者在编写过程中，与收入本书的图片版权所有者进行了广泛的联系，得到了各位图片版权所有者的大力支持，在此，我们表示衷心的感谢。但是，由于一些图片版权所有者的姓名和联系方式不详，我们无法与之取得联系。敬请上述图片版权所有者与我们联系（请附相关版权所有证明）。

电话：024-31314547
邮箱：gw@shbbt.com